JN246392

動く地球の測りかた

宇宙測地技術が明らかにした動的地球像

河野宣之・日置幸介 著

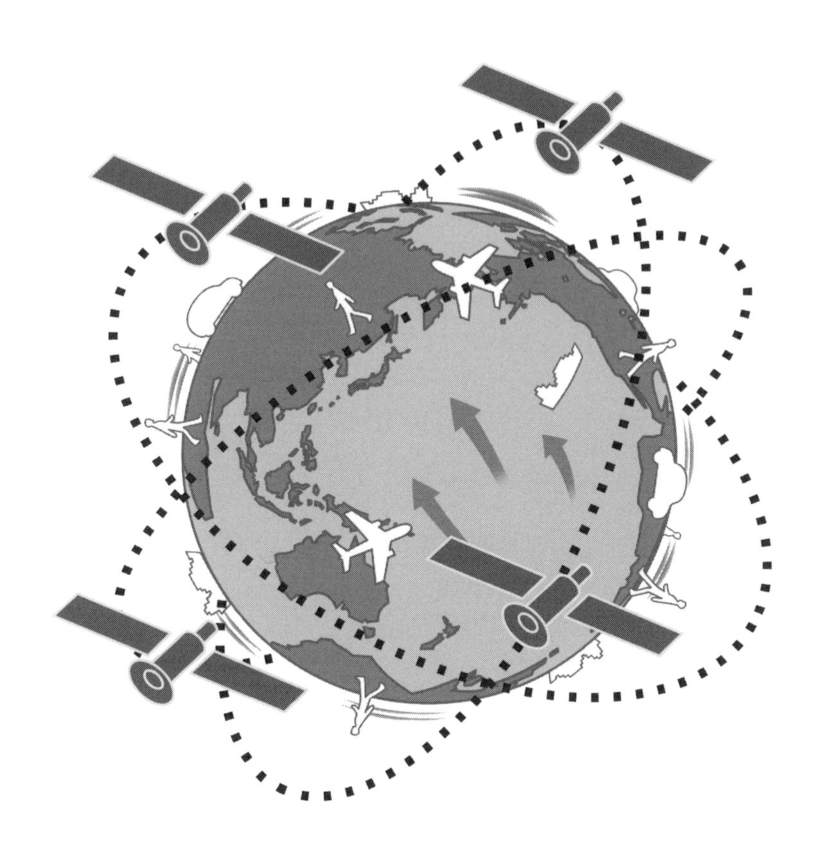

東海大学出版部

Measuring our restless Earth

edited by Nobuyuki KAWANO and Kosuke HEKI
Tokai University Press, 2017
Printed in Japan
ISBN978-4-486-02128-5

まえがき

ハワイは太平洋の真ん中にある火山島です．ハワイが毎年少しずつ西北西に動いているとか，地球表面が十数枚のプレートに覆われていてそれらは互いに動いているという話を聞いた人は少なくないでしょう．こういった話は，そもそもどうして分かったのでしょうか．プレートが動く話は，岩石や化石をいろんな方法で調べて提唱された「仮説」でした．その仮説が様々な証拠から真実らしいと考えられるようになり，最後には本当に地表の動きが測られ，仮説の時代が終わりました．1980 年代半ばの事です．

地図を作る技術が発達して，様々な大陸の輪郭がある程度正確にわかってくると，今ある大陸をうまく組み合わせると一つの巨大な塊になることに気づく人が出てきました．100 年以上も前の 20 世紀初頭，ドイツの若い気象研究者アルフレッド・ウェゲナーは，巨大な大陸パンゲアが分裂，移動して現在の地球の大陸と海の分布を作ったという仮説を提案し，当時のあらゆる知識を総合してその正しさを主張しました．これが大陸移動説です．この説は浮き沈みがありましたが，その後のプレートテクトニクスの考えの礎になりました．地球は十数枚のプレートで覆われていて，それらが移動することによって地表の様々な現象を説明するという考え方です．

さてハワイの接近を直接測定することについてはどうだったのでしょうか．1980 年ごろ米国を中心に，地上の観測局の位置をセンチメートル単位で正確に測り，その時間変化からプレートの動きを観測しようという計画が進められていました．その方法の一つは，地上の観測局からレーザパルスを人工衛星に向かって発射し，反射して帰ってくる時間から，衛星の軌道や地上の観測局の位置を求める衛星レーザ測距（SLR）です．もう一つは，宇宙のかなたにある電波星（準星，クエーサ）を複数の大きな電波望遠鏡で同時に観測して，それらの間の位置関係を測る超長基線電波干渉法（VLBI）です．いずれも大きな装置と先端技術を必要とする雄大な計画でした．日本でもいくつかのグループが5～6年かけてそれぞれの装置を完成し，国際観測に参加，その結果1985年SLRで，そして1986年にVLBIがプレートの動きを捉えました．プレートテクトニクスの直接証拠が得られたのです．

その後，宇宙技術を利用して位置を測る技術は目覚しい発展をとげました．特に自動車やスマホのナビでも知られているGPS（GNSS）はSLRやVLBIと比較して地上装置がはるかに小型でよく，日本では国内千点以上に受信機が設置され，日本列島の地面の動きを手に取るように監視できるようになりました．また，精密な測位ができるのは陸上に限定されていましたが，近年海上の船の位置をGNSSで決め，船と海底に設置した基準局の相対位置を音波で測ることにより，海底の基準点の動きを知ることもできるようになりました．2011年に発生した東北地方太平洋沖地震のような海域で発生する巨大地震の全貌を捉えるには，海底の動きを知ることが不可欠であり，今後この技術は大いに活躍するでしょう．

本書は，地球表面の動きを統一的に説明するプレートテクトニクスとはどのような考え方なのか，そしてそれを初めて実際に測った宇宙技術はどんなものなのか，宇宙測地技術の開発と国際実験はどのようにして実現したのか，その後の観測技術の発展により動く地球についてどのような発見があったのかを紹介します．本書は中学から高校で習う数学や物理の知識で理解できるように，数式はなるべく使わずわかりやすい記述とすることに努めました．なお，3章や5章の測地技術の説明の箇所は部分的に難しいところがあると思われますが，そのような部分は読み飛ばしても構いません．

目次

第1章

動く大地：地震と プレートテクトニクス

「地球は生きている」とよくいわれます．それはどういうことなのでしょう．2011 年 3 月 11 日の東北地方太平洋沖地震で発生した津波が海岸を襲った映像は，地震の持つ途方もない力を見せつけました．数百 km にわたる太平洋の海水をビルの高さに持ち上げたエネルギーはどこから来たのでしょう．宇宙技術を用いて地球の表面の位置とその動きを測る（測位）話題に入る前に，そもそも地球の表面はなぜ動くのか，この疑問について地球物理学的な視点から考えてみたいと思います．

地震は何故起こる

われわれの足元の岩盤はしばしば断層と呼ばれる面で断ち切られています．断層を挟んだ岩盤が互いにずれるのが地震（地震動）の直接の原因です．では，そもそも断層の両側の岩盤はなぜずれるのでしょうか．それは岩盤に力（応力）がかかってひずむからです．ひずみがある程度大きくなると，応力を解放するために断層がずれるのです．厳密にいうと，ある方向で強い応力がかかって，他の方向はそうじゃなかったりする状況（差応力が大きい状況）で断層ずれが起こります．ひずみが溜まる原因は，プレートの動きで説明できます．プレートというのは地表を覆う冷たくて固い岩盤で，何枚かに分かれたプレートが互いにゆっくり動いています．

日本列島を東西に分けると，東日本には太平洋プレートが東から，西日本ではフィリピン海プレートが南から沈み込んでいます．1 年で何 cm という（爪が伸びるくらいの）ゆっくりとしたプレート間の動きが，何十年何百年の歳月をかけてプレート境界の近くにひずみエネルギーを溜めていきます．それが断層のずれによって一気に解放されるのが地震なのです．地震だけでなく，地球で起こる様々な現象を，プレートの運動で統一的に説明しようという考え方のことを，プレートテクトニクスと呼びます．

プレートを動かす力は，リンゴが木から落ちるのと同じく重力の働きによるものです．地球は中が熱く，外が冷たいという構造になっています．冷たい岩石は重い（密度が高い）ので，地球内部にめりこんでいき，逆に深部にある熱い（密度が低い）岩石が湧き上がってきます．マントル対流と呼ばれる地球内部での熱対流です．地表で見える熱対流の一部分がプレートの動きです．プレート運動や地殻ひずみを地震の直接原因とすると，本当の黒幕は地球自身が持つ熱です．地球が自分自身の熱い深部を冷やそうとする過程の主要な部分がマントル対流で，それが引き起こす様々な現象の一つが地震なのです．

地球深部は熱い

46 億年ほど前，宇宙空間のちりやガスが，自らの引力で縮んで凝縮し，太陽系が生まれました．無数の微惑星が合体する過程で膨大な重力エネルギーが解放されたため，生まれたての地球は溶岩の海で覆われた高温の世界でした．誕生以来，地球は徐々に外側から冷えていきました．しかし地球内部には，ウランやトリウムなどの放射性元素がそこかしこに含まれており，それが自然に壊変（より小さな原子に分裂し，それに伴って熱をうみ出す）することによる，もう一つの熱源があります．そのため，地球はある程度冷えた時点で，表面で失う熱と内部で自然に発生する熱がつりあって定常状態に達します．

どのような温度でつりあうかを左右するのが，天体の大きさです．大雑把な議論ですが，天体が保持する熱の総量は体積（半径の三乗）に比例し，表面から宇宙空間に失われる熱は表面積（半径の二乗）に比例します．その結果同じような材料でできていれば，大きな星ほど前者が優勢となって，冷えにくくなります．大きなやかんのお湯が湯呑のお茶より冷えにくいのと同じ原理です．その結果，大柄な天体の表面は内部の温度が高い状態を保っています．同じ頃に高温で生まれた地球と月を比べてみても，サイズの小さい月は早く冷えて火山活動も終わっている寂しい状況ですが，地球は今でもマントルの熱対流によってプレートが動き，地震や火山でにぎやかなのです．

地球の深部は鉄が溶けるほど高温になっています．体積で地球の 9 割近くを占めるマントル（図 1.1）は，固体と流体の両方の性質を持つ粘弾性体と呼ばれる性質を持っています．マントルは通常の感覚では固体

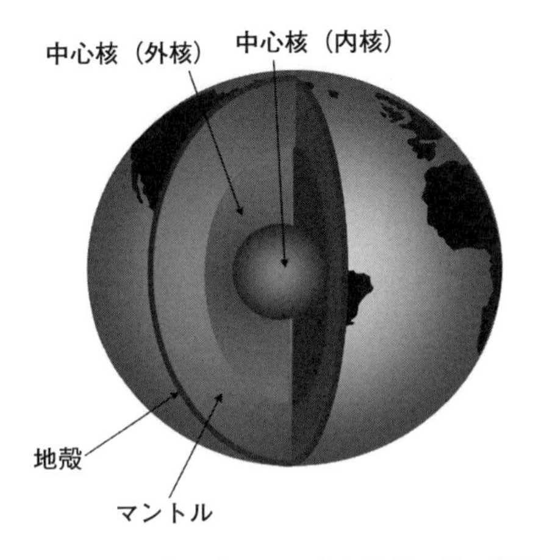

図 1.1　地球は，物質で考えると軽い岩石でできた地殻，重い岩石でできたマントル，金属でできた中心核に分けられる．一方，地球を物性で見ると，岩石の部分は冷たく硬い表層部分（プレート，またはリソスフェア）とその下の流動性の高い部分に分けられ，中心核は流体部分（外核）と固体部分（内核）に分けられる．地球は生来の熱やウランやトリウムなどの自然な放射性壊変で新たに生まれる熱を，マントルの対流と地表での熱伝導によって宇宙空間に逃がし続けている

（押すと縮むバネのような弾性体）ですが，熱くなるに従って流体としての性質が強くなり，押し続けるとじわじわ変形します（とはいっても流体としての粘っこさを示す粘性係数は，水のそれにゼロを 20 個以上つけたくらい大きい）．地球のマントル中では，深部が熱く浅部が冷たいので，ゆっくりした熱対流によって中の熱が外に運ばれます．対流するマントルと冷たい外の空間のはざまにできる層がプレート（リソスフェア）で，冷えて流動性を失った厚さ 100 km 程の硬い岩盤がその実体です．そこが，地震発生の舞台になります．ちなみにプレートの下の熱いマントルは柔らかいので，そこにはひずみが溜まりません．地震が地球の比較的浅いところでしか起こらないのはそのためです．

地球の熱とダイナミクスについて簡単にまとめてみましょう．深部の熱を効率よく宇宙空間に逃がすために地球が取る手段が熱対流で，その一環として比較的浅い場所で起こる現象がプレート運動です（マントル全体では大規模な上昇流や下降流［プルーム］の活動による，より間欠的な営みが主流になります）．地球くらいの大きさの天体だとプレートが適度な厚み（数十 km から 100 km ほど）となり，プレート自身は変形せずに動いて，それらの境界に地震や造山運動が集中するプレートテクトニクスが実現します．地球はプレート運動で自らを冷やす星であり，中身は対流するくらい熱く表面は地震が起こるほど冷たい微妙なバランスを保っているのです．

沈み込むプレート

プレートは海底を走る大山脈（海嶺）で生まれ，地球表面を移動しながら少しずつ冷えてゆき，十分冷えたところで海溝から地球深部に戻ってゆきます．これがプレート収束境界でおこる沈み込みと呼ばれる現象です．沈み込み帯付近では冷たく硬くなったプレート同士が押し合ってひずみが溜まるため多くの地震が起こります．沈み込んだ海洋プレートが持ち込んだ海水によって融点の下がったマントルは，一部が溶けてマグマとなり上昇します．それらが地表に達すると火山が生まれます．日本列島はこういった活発なプレートの沈み込み帯に位置している典型的な島弧です．

地震の話に戻りましょう．2 つのプレートが触れ合う境界で起こるのがプレート間地震です．海溝型地震とも呼びます．地震に伴って海溝に近い海底は一気に隆起し，海溝から離れた海底や島弧では逆に沈降します．海底の隆起に伴って津波が生じ，それが海岸に達すると被害をもたらします．地震はプレート境界だけでなく，やや離れた場所でも起こります．日本列島は，沈み込む太平洋プレートやフィリピン海プレートによって押されているため，しばしば内陸部で断層がずれて地震が発生します．これがプレート内地震です．海溝型地震と対比されてしばしば内陸地震，あるいはわれわれの身近で起こるために直下型地震とも呼ばれます（図 1.2）．

本書のテーマの一つは大地の動きを測ることですが，それは生きている地球の基本的な行動パターンを知ることに相当します．しかしプレー

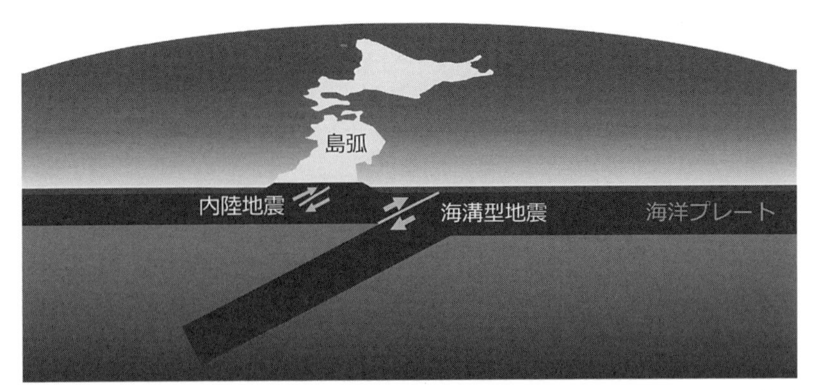

図 1.2　海洋プレート（リソスフェア）が島弧のプレートの下に沈み込み，その境界で海溝型地震が起こる．島弧側の内陸部でも地震が発生する

トの運動を直接測ることはそう簡単ではありません．2 章では，プレートの動きを直接捉えることができるようになるまでどのような苦労があったのか，遠く離れた点の間の距離を正確に測るために重ねてきた工夫について説明します．

第2章

巻尺で届かない距離をどう測るか

1章で述べたようなプレート運動や，その結果として起こる大陸の移動といった地球スケールの運動を実際に測るにはどうすれば良いでしょうか．プレート運動は年間数 cm といった速さ（遅さ？）ですから，異なる大陸上の2点の間の距離を cm 単位で何年間か測り続ければ，その変化としてプレートの動きが測れます．でも大陸間を結ぶ何千 km という遠距離を正確に測ることは簡単ではありません．この章では，宇宙技術を使わないでも測れる比較的短い距離，机の上の定規ほどの長さから，千 km（東京と九州の間くらい）程度の距離までを考えます．地上測量と呼ばれる従来の測定方法を紹介し，その限界について考えてみます．

数百メートルまでの長さ（距離）を測る

私たちが机の上で鉛筆の長さを測るときは図2.1のように定規を当てて測ります．定規には1 mm の小さな目盛りと，1 cm ごとの中くらいの目盛りが刻まれていて，それを基準としてすぐに長さを読み取れます．

もう少し長い，例えば身長を測るときには物差しを使います．物差しには10 cm 間隔の目盛りも刻まれているので，身長は○○メートル△△センチメートル◇◇ミリメートルとすぐに分かります．更に長い距離，例えば運動会のために100 m のコースを作るときには図2.2のように巻尺を持ってきて測ります．巻尺には1 cm や1 m，さらに10 m 間隔の長い目盛りが刻まれているのでこのような距離を測るのに便利です．

それでは運動場よりも長い距離を測る時はどうするでしょうか．尺取虫みたいに巻尺を何回も当てれば，数百 m ぐらいまではなんとか測ることができるでしょう．でも途中に木があったり，地面が凸凹していたりしたら巻尺をピンと張ることができません．またあまり引っ張ると巻尺そのものが伸びたりして，正確に測ることは難しいでしょう．長距離を高精度で測る上手な方法はないでしょうか．

数百メートル以上の距離を測る地上測量

数百 m 以上の距離を測る方法で良く用いられるのは，図2.3のように三角形を組み合わせながら段階的に遠くまで測っていく方法です．三

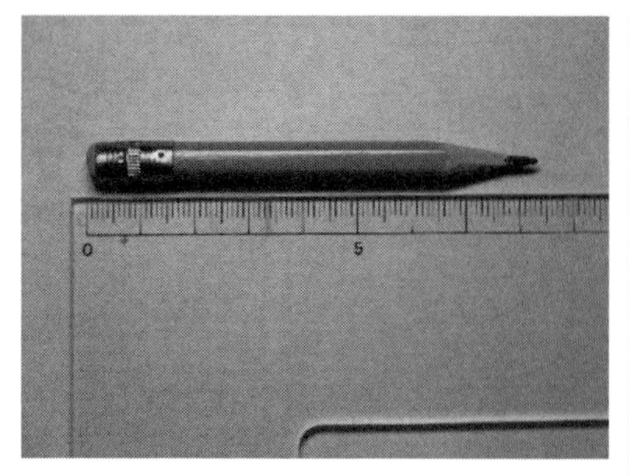

図 2.1　定規で鉛筆の長さを測る

図 2.2　巻尺で運動会のコースを作る

角形の決定条件を中学の数学で習いますが，3 辺の長さを決めると三角形は決まります．つまり，平面上では 2 点 A と B の位置が決まっていて距離 d がわかっていると仮定します．2 つの辺 a と b の長さが決まると点 P の位置が決まります．同じようにしてさらに次の点 Q の位置が決めることができ，次第に遠くの点の位置を求めていくことができます．位置が決まればそれらの点の間の距離も計算で求められます．宇宙技術による位置の測定が可能になるまでは，日本列島の端から端まで，この方法（三辺測量）を使って位置が測られてきました．

三辺測量で辺の長さを測る方法について説明しましょう．図 2.4 に示すように，目標（標的）に向けて光の信号を発射し，目標で反射して帰ってくる時間（往復時間）を計測すれば，目標までの距離が求められます．往復時間を計るために光や電波を使いますが，図 2.4 に示すような光波測距儀では，光パルスの往復時間 t を計ります．t に光の速さ c をかけて 2 で割れば距離 $ct/2$ が求められます．光や電波の速さ c は毎秒約 30 万 km ですから，往復時間を 100 億分の 1 秒刻みの時計で測ると，1.5 cm の刻みで距離が測れることになります．これを何回も繰り返し

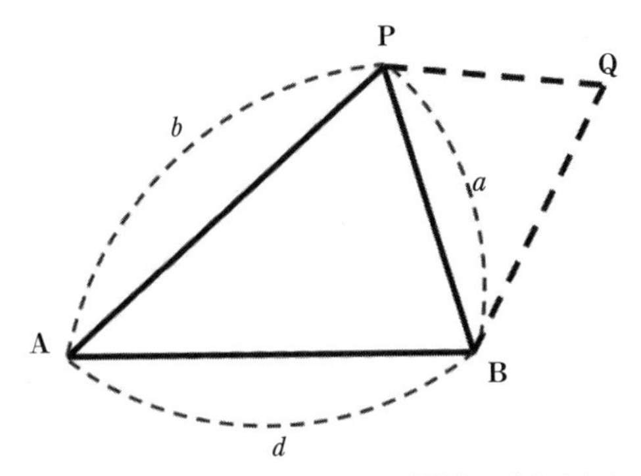

図 2.3　平面上で，A と B の位置がわかっていて距離 d が求められていると，a と b の距離を測ることによって点 P の位置がわかる．点 P の位置と点 B の位置がわかれば，それぞれから点 Q までの距離を測ることによって点 Q の位置を決められる．このように尺取虫のようにして遠くの目標点に向かって距離（位置）を求めていくのが代表的な地上測量である三辺測量です

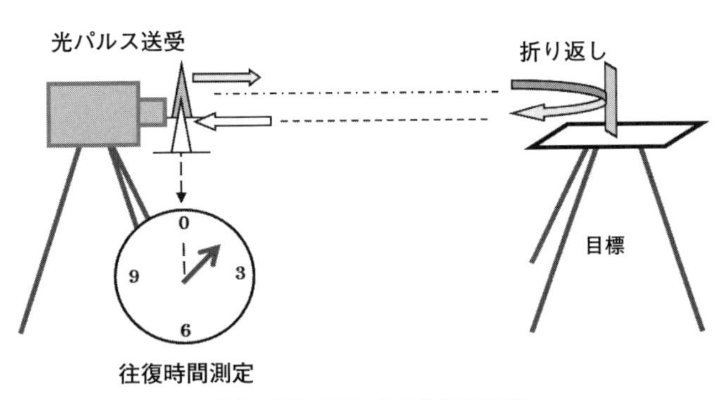

図 2.4　光パルスの往復時間を測定する光波測距儀

て平均を取れば，数 mm の精度を達成できます．

三角点では，地球中心を原点とする世界共通の直交座標の X, Y, Z の値または経度，緯度，高さで表された正確な位置が求められています．近くの三角点を 2 つ探して，この点から先に述べた三辺測量と水平からの角度の測定をすれば，日本のどの地点でもその位置を決めることができます．途中に木があったり，山があったりして標的が直接見えないときは，標的の見える観測点を仮に設けて，その点を中継して標的の位置を測ります．

地図の基準になる三角点

日本列島内にはA，B，P，Qなどの地上測量で正確な位置の測定された点（三角点）の網が国によって展開されています（実際に担当しているのは国土交通省の国土地理院）．三角点は1等三角点本点（平均距離45 kmで全国に330点），1等三角点補点（およそ平均距離25 kmで全国に619点），2等三角点（平均距離8 kmで全国に5048点）に加え，さらに数の多い3～5等三角点などから成ります．図2.5は1等三角点で作られる1等三角網を示し，位置の基準になっています．図2.6は三角点の写真です．

2等三角点は平均距離8 kmごとに設置されており，3等や4等三角点を加えると，皆さんの住所のすぐ近くにも見つけられるでしょう．三角点の多くは見通しのきく小高い丘や山の頂に設置されていますが，それらを探す確実な方法は，大きな書店で2万5千分の1の地形図（値段は数百円程度）を手に入れることです．この地形図には図2.7に示す記号で三角点などの設置場所が表示されています．地図には「電子基準点」も示されていますが，それについては5章で述べます．

地上測量でプレート運動は測れるか

国内の2点の間の距離を測定する場合を考えましょう．関東地方のある三角点から出発し，図2.5のように三角網に沿って西の方に測量していき，九州地方にある三角点の位置を求めたとしましょう．個々の測定には必ず測定誤差があり，三辺測量で2点から次の三角点の位置を求める場合では，45 km程離れた距離で誤差は1～2cm程度になると考えられています．関東地方から1000 km離れた九州の三角点まで測ると，積み重なった誤差は何十cmにもなるのです．前の章で述べたように，プレートの動きは1年で何cmという単位なので，三辺測量で測るのには無理があります．もっと大きな問題は，広い海で隔てられた陸地の間

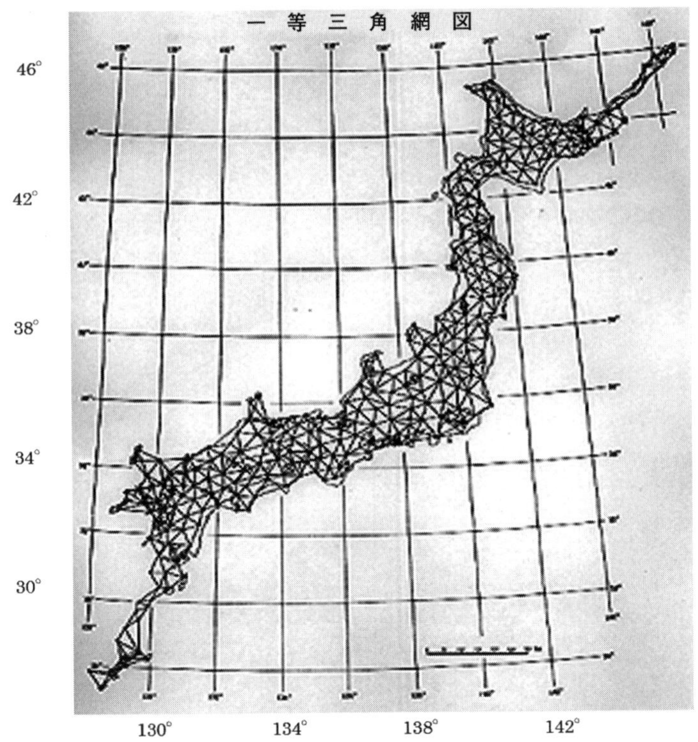

図 2.5　1 等三角網図（国土地理院 HP（http://www.gsi.go.jp/MUSEUM/TOKUBE/KIKA5-sanka111.htm）から転載：緯度，経度を見やすくするため，図の左と下に大きな表示を追加した.）

で三角網が途切れてしまうことです．地上測量でプレートの動きを測ることは諦めたほうがよさそうです．

誤差の主原因は大気

三辺測量に使われる光波測距儀などの計測精度は上がりましたが，それでも数十 km の距離を測定するたびに 1 ～ 2 cm の誤差が出ます．その最大の原因は地球の大気です．大気中を進む光は，真空中の光速に比べてやや遅く進みますが，その度合は気圧，気温，湿度（空気中の水蒸気量）によって変わります．光が往復する伝搬時間の変動が誤差をもた

図 2.6　国土地理院による三角点の標石

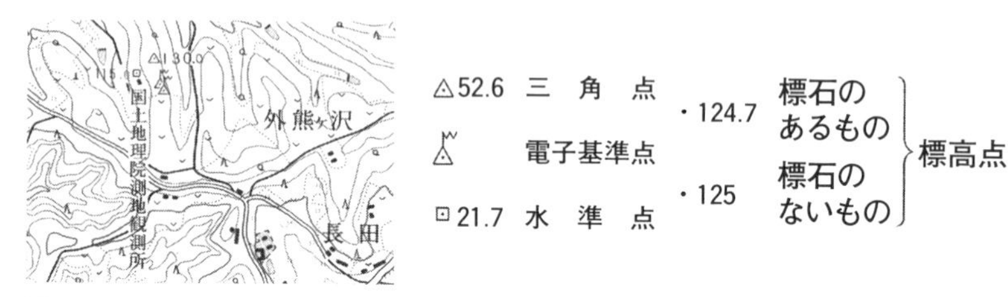

図 2.7　2 万 5 千分の 1 地形図に記載されている三角点，電子基準点，水準点の記号

らすのです．しかも地球の大気の密度・温度・気圧は時々刻々変わるので，正確な補正は厄介です．

ちなみに地球の大気は地表付近で濃く，高度を増すごとに急激に減少します．富士山の山頂では空気の濃さ（密度）は下界の 6 割程度に下がります．地表に沿って行う三辺測量は，わざわざ大気が一番濃くて変化の激しいところで行っていることになります．これに対して，上空にある人工衛星や星からくる光や電波を観測して位置を測定できれば，地球大気の影響はずっと小さくなりそうに思われます．

図 2.8 は遠く離れた地上の 2 点で人工衛星を観測して衛星までの距離を測定した場合（具体的な方法は 5 章で説明します）と，三辺測量を尺取虫のように何度も繰り返して 2 点間の距離を測定する場合を比べたものです．測定に使う電波や光が大気の中を通過する距離を矢印（A 点か

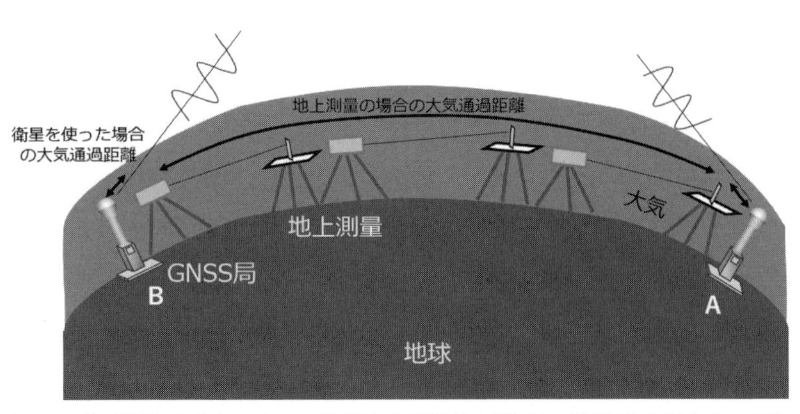

図 2.8　遠く離れた 2 点 A と B の距離を人工衛星を利用して測定する場合と，三辺測量を繰り返す場合の大気の影響の比較．測定する際に光や電波が通過する距離を矢印の長さで示している．人工衛星の場合の方がはるかに短く，影響が小さい

ら B 点まで）で示しています．大気を通過する距離が長いほど測定誤差は大きくなります．三辺測量では，遠く離れた 2 点間全体の大気の影響を受けるのに対して，人工衛星の観測では各点の上にある大気の分だけです．大気は上に行くほど薄くなりますが，上空にある大気全体の量を地表の空気の濃さで割ると，10 km 程の厚さにしかなりません．つまり三辺測量では光が大気中を通過する距離は数百 km や数千 km にもなるのに対して，人工衛星の観測では光や電波が地球の大気を斜めに貫くことを考慮しても数十 km 以下で済みます．遠く離れた点の間の距離を測ることによってプレート運動の計測を可能にする 1 ～ 2 cm の精度は，横ではなく上を見ることによって可能になるのです．次の章では，最初に登場した宇宙測地技術である衛星レーザ測距（SLR）と超長基線電波干渉法（VLBI）について説明します．

第3章

宇宙測地技術で大陸間の距離を測る：大鑑巨砲の80年代（SLRとVLBI）

地球大気は距離や角度の測定に誤差を与える最大の要因です．地上測量は大気が一番濃くて変化の大きい地球表面に沿って行われるため，長距離では誤差が蓄積してしまいます．しかし上空にある人工衛星や天体を電波や光を使って観測すれば，それらが地球大気を通過する距離がはるかに短くなり，精度を落とさないで済みます．これが宇宙技術を利用した新しい方法（宇宙測地技術）の本質です．1970 年代前半に提案された幾つかの技術が 1970 年代後半に実用化され，1980 年代に入って全地球的な観測が始まりました．それらが衛星レーザ測距（Satellite Laser Ranging：SLR）と超長基線電波干渉法（Very Long Baseline Interferometry：VLBI）とよばれる 2 つの技術です．

衛星レーザ測距（SLR）

SLR はそもそも人工衛星の軌道を正確に決める技術なのですが，地上局の位置を決めることもできます．SLR の観測自体は比較的単純です．地球上の観測局から衛星に向けて，短いレーザパルスを発射すると，衛星に命中したパルスは逆方向に折り返されます（図 3.1）．地上ではパルスが発射されてから衛星で反射して帰ってくるまでの往復時間を測ります．往復時間に光速を掛けて 2 で割ると観測局と衛星の距離が求められます（距離を測るので測距と呼びます）．地球上に展開された多くの観測局から次々に SLR 観測を行って大量の測距データを取得します．位置が既知の観測局からの測距データから衛星の軌道が決まり，さらに詳しい位置がわからない観測局の正確な座標も決めることができます．

衛星までの測距には様々な特殊技術が関わります．数千 km 離れた衛星を往復する光は非常に弱くなって地上に帰ってきます．地上では強いパルスをつくる大出力レーザ発振器，このレーザ光を短いパルスにして高頻度で繰り返し出力する装置，それを鋭いビームにする送信望遠鏡，光を入射した方向と正確に同じ方向に反射する鏡をたくさん取り付けた専用の衛星，衛星から返ってきた弱いパルスを検出する大型望遠鏡と高感度検出器，往復時間を正確に測る時計装置等の様々な精密機器が必要

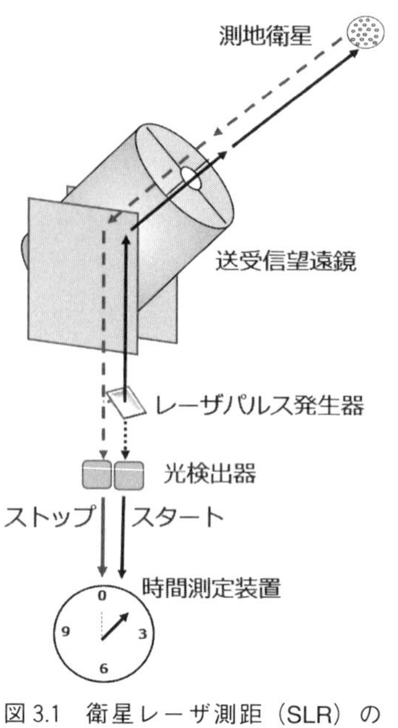

図 3.1　衛星レーザ測距（SLR）の概念図

になるため，一般にSLRの地上装置は大型で高価なものになります．

衛星は観測局に対して高速で動いていますから，望遠鏡の動かし方も複雑です．今の瞬間に衛星が見える方向に向けてパルスを送出しても，パルスは衛星に当たりません．光が衛星に到着したときには衛星は前に進んでいるからです．「先回り」してレーザパルスを発射しなければならないのです．同様にパルスが無事衛星に当たって逆方向に折り返されてきたとしても，発射の時と同じ方向を見ていたら返ってきたパルスを検出することはできません．このように光の速度が有限であることによる「光行差」のため，送信と受信の方向を微妙に変える装置も必要になります．

衛星までの距離からなぜ局位置が分かる

ところで，どうして衛星までの距離を測ったら観測局の位置が分かるのでしょうか．地球上のいろんな観測局で，軌道の良く分かった衛星までの距離を測定するとします．あらかじめ観測局から衛星までの距離を観測時刻ごとに計算しておきます．このとき，ある局の位置と高さを10 m 間違えて距離を計算してしまったとします．この程度の間違いなら観測に影響するほどではありません（レーザパルスが返ってこないなどの問題は起こらない）．しかし，距離の観測値と計算値との間には当然数 m 程度の大きな差（残差）が出てきます．研究者はなぜ残差が大きいか，原因を追究します．そこで例えば他の観測局の結果では残差が大きくなかった，つまり特定の 1 局だけ残差が大きくなっていれば，その局の位置の仮定に誤りがあると気付きます．そこで，残差の大きい観測局の座標の値を変えて，距離の残差を最小にします．こうして得られた新たな位置が，観測局のもっとも尤(もっとも)らしい位置になります．また，局位置の三成分をきちんと決めるには，様々な方向にある衛星との距離を測ることが重要です．

実際に衛星と地上局の間の距離を高精度で計算する際には，それらの位置にわずかな変化もたらす現象をすべて知る必要があります．軌道計算では，地球を周回する衛星が受けるもっとも大きな力は地球の重力ですが，細かく見るとその強さは一様ではなく複雑な分布をしています．地球だけでなく太陽や月や他の惑星の引力も考えなくてはなりません．また，薄い高層大気の抵抗や太陽光がもたらす圧力（太陽輻射圧）などもあります．観測局の位置（7 章を参照）は地球中心を原点にした座標（X, Y, Z）で表されることが多いのですが，その値も決して一定ではなく，様々な周期で変化しています．月や太陽の潮汐力で地球は変形し（固体地球潮汐），満潮のときは海水の重みで海岸近くの観測点は沈みます（海洋潮汐荷重変形）．他にも特殊相対論効果，レーザパルスが通る大気による伝搬の遅れなど，距離に数 mm しか影響しない効果も網羅して計算します．また，観測局があるのは自転している地球の上です．宇宙空間から見ると地表の観測点の位置は時々刻々移動します．さらに地球の自転軸の方向や自転速度は変化しています（7 章で詳しく述べます）．それらをすべて考慮してようやく正確な局の位置を求めることができ，そこからプレート運動による観測局の位置変化が見えてくるのです．SLR のデータを解析するプログラムは複雑で長大ですが，観測局の位置の計算など後述の VLBI と共通するところも少なくありません．

専用衛星は球形

SLR 専用衛星は球の形をしています．衛星表面には，地上観測局からのレーザパルスを入射した方向に反射するコーナーキューブ・レフレクタと呼ばれる特殊な鏡が取り付けられています．衛星が球形だと，測定された距離を衛星の中心までの距離に換算する計算が簡単になります．さらに衛星の質量分布をあらゆる方向に均等（球対称）にすると，球の形の中心と重心が一致して好都合です．

衛星が受ける力の中で予想が難しいものが，地球の超高層大気の抵抗と太陽光が衛星に及ぼす輻射圧です．両方とも衛星の材質や形状に影響されますが，球対称の場合が衛星姿勢を考えなくてもよいため，予想が簡単になります．図 3.2 は 1986 年に日本が打ち上げた測地衛星「あじさい」（Experimental Geodetic Satellite：EGS，直径 215 cm，685 kg，軌道高度 1500 km，1986 年に打ち上げられた，SLR の主要 8 衛星の一つ）の写真です．球形をした衛星の表面には 12 個の反射鏡がセットになった鏡状のものが 120 個も装着されています．

SLR 専用衛星の寿命について述べておきましょう．これらの衛星は自分で何かを測定したり信号を地球に送信したりはしません．ただ備え付けの反射鏡で地上観測局から入射した光をひたすら入射と逆方向に反射するだけなので，電力や衛星に付随する様々な装置も不要です．反射鏡の劣化や，大気の抵抗による軌道高度の緩やかな低下がありますが，数十年以上使い続けることができます．多くの衛星の寿命が 1 年から数年であることを考えると，安上がりで手のかからない衛星です．

レーザパルスの幅は100億分の1秒

レーザ光が往復する時間を計る方法を詳しく説明しましょう．2 章に出てきた地上測量の光波測距儀では，連続放射する光を変調してその変

図 3.2　日本の測地衛星（EGS）“あじさい”（提供：宇宙航空研究開発機構（JAXA））

図 3.3　衛星レーザ測距．上方に伸びた光線が送信レーザパルス．海上保安庁海洋情報部 HP より（http://www1.kaiho.mlit.go.jp/KOHO/shimosato/j/sgs/）

調信号の位相を測定する方式のものがあります．でも SLR では帰ってくる光が弱すぎて変調波の位相測定は無理です．そこで，極めて幅（継続時間）の短いパルスを送信し，帰ってきたパルスを直接検出して，往復時間を測ります．パルスの送信と受信のタイミングの測定誤差はパルス幅程度かその数分の 1 になります．送信パルス幅は最近では数十ピコ秒（1 ピコ秒 = 10^{-12} 秒）まで短くなっています．仮に 30 ピコ秒とすると，光速を考えるとパルスの長さは 1 cm くらいです．現在では往復時間を数ピコ秒の精度で計測できるタイマーもあるので，mm 単位で距離を測れます．初期の SLR ではレーザパルスは数秒に 1 回発射していましたが，最近は 1 秒に数十回以上も発射できます．これによって観測数が増え，多数の観測値を平均して測定精度を上げることができます．図 3.3 は SLR 観測が行われている時の写真です．衛星で反射して地上観測局に帰ってくる光は極めて微弱ですが，光の最小単位である光子（こうし）1 つでも検出できる増幅器が近年開発され，パルス検出の効率を上げています．

さて，SLR 衛星の反射鏡は，「入射した方向と反対方向に反射する」と述べましたが，衛星までの距離を mm の精度で測定できるようになると，そう簡単ではないことも分かってきました．衛星表面に取り付けられている多くの反射鏡にはそれぞれ「くせ」があり，返ってきたパルスの波形からどの鏡で反射されたかが分かり，さらにその時のSLR衛星の姿勢までわかることもあります．

軌道決定精度は局位置決定精度を左右する

観測局の位置は，衛星の軌道と一緒に推定されることが多いのですが，軌道の推定精度が悪いと位置の推定誤差もその分悪くなります．衛星の軌道推定精度は各々のSLR局の装置の優劣にも左右されますが，局ごとの観測数，観測時間，またとりわけ世界に分布する観測局の数に大きく影響を受けます．図3.4に世界のSLRを行う約60点の観測局の位置を示しています．日本では海上保安庁海洋情報部，情報通信研究機構（NICT）と宇宙航空研究開発機構（JAXA）がそれぞれのSLRシステムを運用しています．世界に広く分布した観測局が必要な理由は，衛星の位置を正確に決めるために軌道上の様々な位置で色々な方向から測距する必要があるからです．また観測の空白時間（どの地上局からも衛星が見えない時間）を作らないためにも，観測局が世界中に広く分布していることが重要です．

光を使うSLRと後で述べるマイクロ波（電波）を使うVLBIで，観測に与える気象の影響を比較してみます．雲はレーザ光を透過しません．このため高精度のSLR観測は晴れていないと観測できません．一方，VLBIは電波の減衰が大きくなる強い雨でも降っていない限り可能です．しかし，大気（特に水蒸気）による遅延や屈折は電波より光のほうが正確に推定できるのでSLRの方が有利になります．一方超高層大気（プラズマが存在する電離圏）による伝搬の遅れ（伝搬遅延）に関しては，SLRは遅延そのものが小さく，またVLBIでは複数周波数の観測を行えば取り除けるので，いずれにおいても高精度測位の妨げにはなりません．

わが国でのSLRの研究・開発

わが国におけるSLR装置の開発・研究は，米国により測地専用の衛

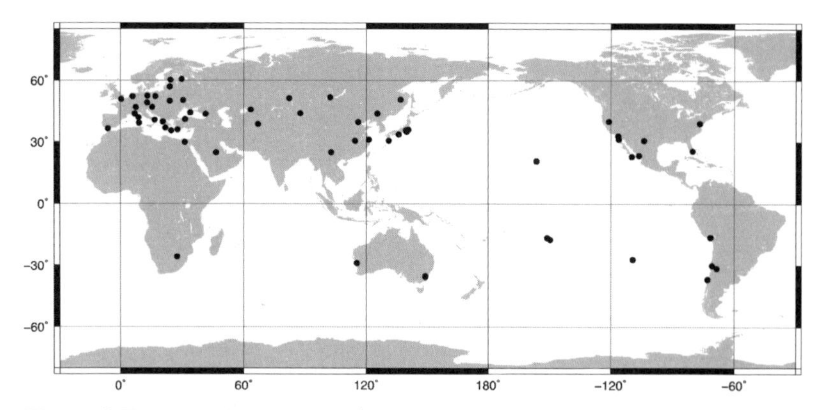

図 3.4　世界の SLR 局．ITRF2014（http://itrf.ign.fr/ITRF_solutions/2014/）の SLR 局から，位置誤差が 3cm 以下の局を選んで地図上にプロットしたもの

星が打ち上げられて米欧で SLR 観測が開始された 1975 年に，当時の海上保安庁水路部（現在の海洋情報部）と建設省（現在の国土交通省）国土地理院が共同で SLR 用の望遠鏡などの装置を試作し，実験を開始しました．両機関は海と陸の地図作りを担当する国の組織であり，当初から SLR が国として取り組むべき重要な技術と認識されていたことを物語ります．一方，この年には当時の東京大学東京天文台が，人工衛星ではなく，アポロ計画で月の表面に設置してきた反射鏡を使った月レーザ測距（Lunar Laser Ranging：LLR）装置を製作し，実験を開始しました．

上記 3 機関による SLR と LLR の研究開発が進められる一方，もう一つの重要な技術である VLBI の開発が当時の郵政省電波研究所（現在の情報通信研究機構）が中心になって進められていました．このような情況の中，SLR は海上保安庁水路部が主体となり，国土地理院は VLBI の開発・研究にも力を注ぐことになりました．1982 年に海上保安庁水路部は外国製の SLR 装置を導入して国際観測に参加を開始しました．そして 1984 年には，1979 年から 1982 年までの国際 SLR 観測で得られたデータを米国航空宇宙局（NASA）が中心になって解析し，プレートが現在進行形で動いていることを明らかにしました（観測結果については 4 章で述べます）．

SLRでは，測定した距離から観測局の位置等を推定する巨大な計算機プログラムの開発も重要です．わが国では最初に実験を始めた海上保安庁水路部と当時の科学技術庁航空宇宙技術研究所が高度な解析ソフトウェアを開発，その後郵政省通信総合研究所（電波研究所が改称したもの）でも世界に誇る解析ソフトウェアが開発されました．これまで気づかれなかった衛星のミラーの位置による誤差の補正など，わが国の研究がSLRの精度向上に貢献しています．また，このとき培われたSLRの技術はその後，NICT・JAXAによる光衛星通信への応用にも発展していきました．

超長基線電波干渉法（VLBI）

宇宙には光だけでなく強い電波を放射している天体があります．私たちの住む天の川銀河から数億光年以上も離れた準星（Quasi-Stellar Object：QSO，クェーサーとも呼ばれる）や活動銀河です（ここでは単に天体電波源と呼びます）．それらの電波は強く，かつ非常に遠くにあるので見かけの広がりが小さく，点のように見えます．VLBIは，このような天体電波源を複数の電波望遠鏡を用いて観測し，数千kmという長距離をmmの精度で一気に測り，さらに地球の回転変動も高い精度で計測できる技術です．

VLBIの原理

VLBIの基本原理もSLRと同様に単純です．図3.5はVLBIで2つのアンテナ間の距離（基線長D）を測る原理を示しています．天体電波源が放射する電波を，遠く離れた複数のアンテナ・受信機（観測局）で同時に受信します．天体電波源は非常に遠くにあるので，それぞれのアンテナに入射する電波は平面波になっています．この図の場合，電波は右のアンテナには左のアンテナより幾何学的遅延と呼ばれるτ_gだけ遅れて到達します．それぞれの局で受信された信号は，デジタル信号として磁気テープ等に記録されます．これらを後で持ち寄って再生します．信

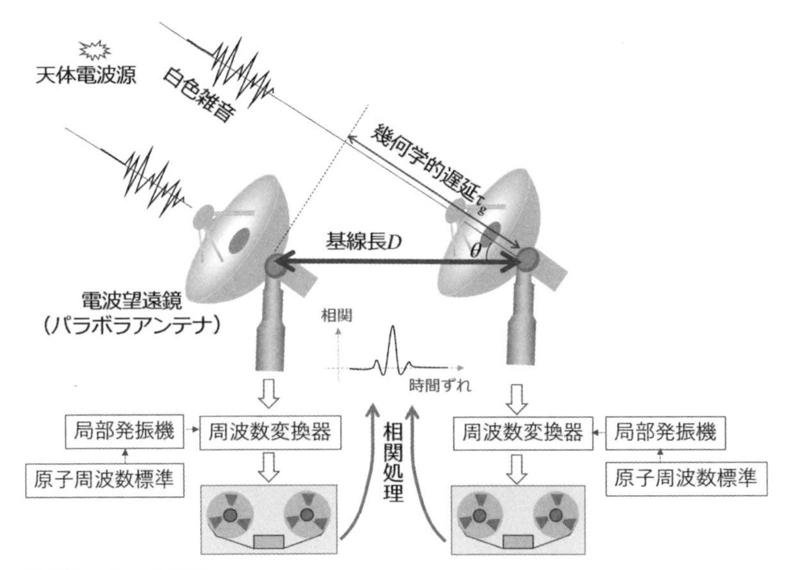

図 3.5　VLBI の原理

号を読み込むタイミングが揃ってないといけませんので，観測局には極めて正確な時計（原子周波数標準）が必須です．後述する周波数変換のための高安定な局部発振器の信号も同じ原子周波数標準から作られます．

2つの局で受信した信号は，様々な周波数成分をまんべんなく含む雑音（白色雑音）なのですが，もともと同じ信号ですから，アンテナ2で記録された信号の時間軸を少しずつずらしながらアンテナ1の信号と比較する（相関を取る）と，遅延が受信時刻の差である（D/c）$\cos\theta$ にちょうど等しい時（c は光速），2つの信号の相関が最大になります．その時刻での星の方向（θ）が分かっていると，遅延時間から D が求められます．

図 3.6 は2局で受けた信号の一方を横軸だけずらせながら相関を取った結果です（あらかじめ τ_g がどの程度の値になるかを予測し，その周りで実際の τ_g を探すため，横軸の値は小さな値になっています）．また地球の自転によって図 3.5 の θ は連続的に変わりますので，τ_g も時々刻々変化します．したがって，実際には遅延と遅延変化率も同時に動か

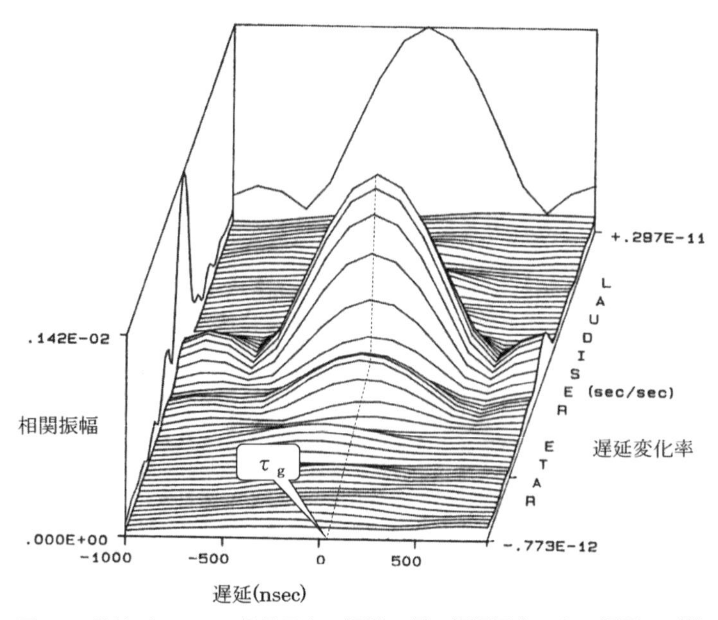

図 3.6　帯域が 2MHz の信号同士の相関の例．相関最大になる遅延 τ_g（横軸）は 100ns 程度の精度で求められる．あらかじめ予想した遅延をゼロとして，横軸はその値からのずれを示す．前後の軸は地球が自転することによる遅延の時間変化率を示す

しながら相関が最大になる τ_g と τ_g の変化率を求めます．ここで相関が狭い鋭いピークを持つほど τ_g は正確に求められます．その幅は受信波に含まれる周波数の幅（周波数帯域幅：B Hz）の逆数に比例し，概ね 1/（2B）秒になります．この図は B が 2×10^6 Hz（2 MHz）の例を示しています．D を 3 cm の精度で求めるには遅延を 0.1 ns 程度（1 ns は 10 億分の 1 秒）の精度で求めなければなりません．従って B は 5×10^9 Hz（5 GHz）が目安になりますが，有利な条件の下では 500 MHz の帯域幅でも 0.1 ns の精度で遅延を決定できます．

実際には例えば 8 ～ 8.5 GHz（0.5 GHz は 500 MHz）というように広い帯域幅を持つ高い周波数の電波を受信します．しかし 8 GHz という高い周波数の信号をそのままデジタル化して記録することは困難ですので，0 ～ 500MHz の周波数に変換する必要があります．これについてもう少し詳しく見てみましょう．

周波数変換とバンド幅合成

各々のVLBI局は遠く離れていますから，各観測局の電波望遠鏡で受信した天体電波源の信号は，一定の周期で読み込んだ値を何らかの媒体に記録します（図3.5では磁気テープで示す）．しかし，マイクロ波のような数GHzといった非常に高い周波数で変化する値を，直接読み込んで実時間で記録することは困難なので，低い周波数に一旦変換します．実際には，図3.5の局部発信器からの信号（この周波数をローカル周波数という）を，周波数変換器で受信信号とかけ合わせることにより，受信信号とローカル周波数の差の周波数（ビート周波数）に変換して記録できるようにします．

更に，この数百MHzの帯域を全部記録しなくても，この中の2MHz程度の狭い帯域を適当に配置した十数個の周波数帯の信号を記録するだけで，必要な遅延精度0.1nsを達成できる方法（バンド幅合成法）が考案されました（Rogers, 1970）．図3.7は最適なバンド幅合成を行ったときの相関です．右から4つ目の山が相関最大になっていますが，その時の遅延 τ_g は図3.6の場合と比較して2桁以上高精度で求められています．また図3.7では一番高い山以外にも小さな山が横軸方向に並んで生じます．これは数百MHzの帯域全体を使わずに，その中から狭い帯域を「つまみ食い」して遅延を決めたことによる副作用（アンビギュイティの発生）です．このバンド幅合成技術の開発が，幾何学的遅延を高精度で決めて測地VLBIを可能にするための決め手となりました．

VLBIに適した天体電波源

天体電波源から来る電波はきれいな正弦波ではなく，何の情報も含まれないめちゃくちゃな波形です．こんな電波でもVLBIには問題ないのでしょうか．離れたVLBI局間で幾何学的遅延を正確に求めるには，信号が低い周波数から高い周波数までの広い帯域の周波数成分を持っていることが重要です．その点，天体電波源はVLBIに適しています．

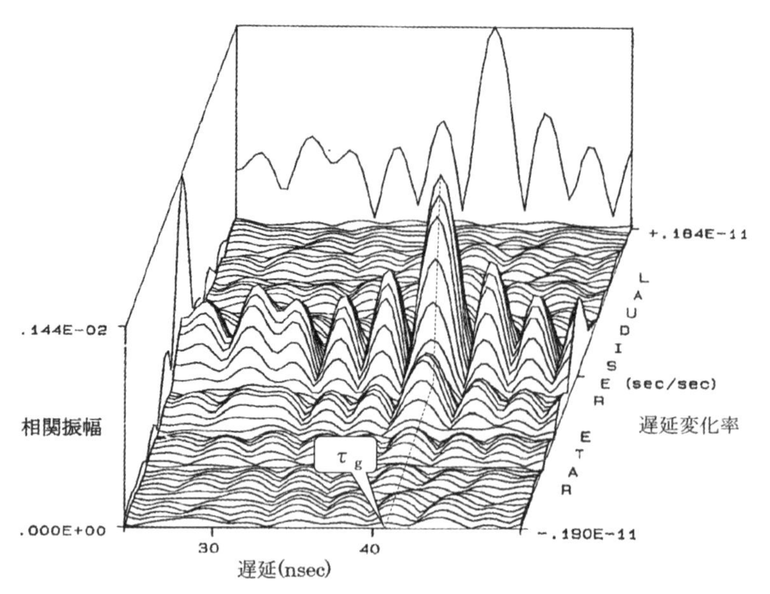

図 3.7　バンド幅合成による精密な遅延決定．周波数が最大 360MHz 離れた帯域幅 2MHz8 チャンネルの信号同士の相関の例．相関最大になる遅延 τ_g（横軸，予測値をゼロとしてそこからのずれで示している）は 1ns 以下の誤差で求められることがわかる．前後の軸は地球自転による遅延の時間変化率

準星や活動銀河は数億光年以上も離れた遠方にあり，強い電波を出す天体電波源です．このような遠くの電波源を観測する理由の一つは，それらの電波源がコンパクト（小さな点として見える）だからです．そもそも電波源が広がりを持っていたら，図 3.5 の星の方向 θ が一つに決まりません．ちなみに大陸間（距離数千 km）で 8 GHz の電波を用いた VLBI 観測を行う場合，天体電波源を点とみなすには，その見かけの大きさが角度 1 ミリ秒角に収まるほど小さい必要があります．一般に遠くにあるものは小さく見えますから，数億光年以上も遠くにある天体電波源が VLBI 観測に適しているのです．

水素メーザ原子時計は人類出現以来1秒以下の狂い？

VLBI では離れた地上局で独立に受信して記録した電波を持ち寄って

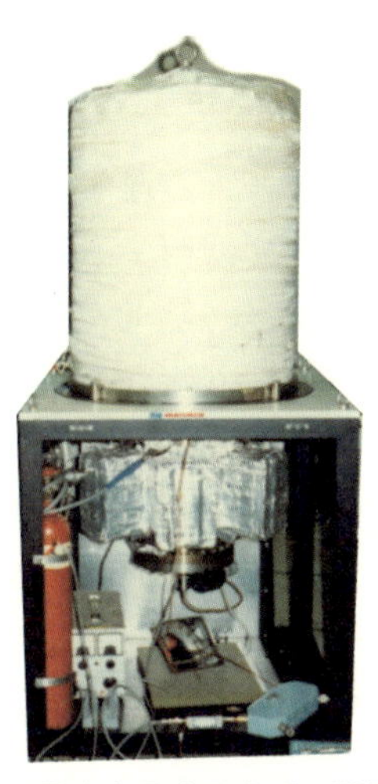

図 3.8　旧郵政省電波研究所で開発された水素メーザ原子周波数標準（情報通信研究機構提供）

比べる（相互相関を取る）ことによって遅延時間を求めます．それを可能にする（可干渉性を保つ）ためには，時刻信号や周波数変換（受信した 8 GHz の高周波信号を，記録媒体の性能に合わせて，より低い周波数の信号に変換する）の元となる信号をつくる，極めて安定度の高い原子時計が必要になります．一般的に発振器（時計の刻みの元をつくる規則正しい電気信号を発生する装置）の安定度は，ある時間幅を設定してその中で起こった周波数のわずかなずれを元の周波数に対する割合で表します．ちなみに VLBI で必要とされる安定度は 10^{-15} の桁のものです．安定度は割合ですからそれ自体に単位はありません．例えば安定度が 10^{-15} なら，1 秒の間に，10^{-15} 秒狂うことを意味します．言い換えると 1 秒狂うのに，安定度の逆数である 10^{15} 秒が必要になるということです．VLBI 局では図 3.8 に示す水素メーザ原子周波数標準をもとにした時計を用いますが，一秒ずれるのにはこの時計を同じ状態で数百万年という地質学的な時間走らせる必要があります．もちろんその前に時計の寿命が尽きますから，実際には十年間使っても 1 マイクロ秒（10^{-6} 秒）もずれないという言い方のほうが現実的かも知れません．

VLBI と SLR

VLBI と SLR の主要な観測量である遅延と距離のモデル計算における違いを考えてみましょう．まず観測する天体の位置です．VLBI では SLR のように軌道計算の必要はありません．天体電波源の構造に由来する見かけ上の位置変化を考慮する必要がありますが，一般的に天体電波源の位置は一度決めてしまえば半永久的に人類の知的資産として使い続けることができます．この点が軌道を一度決めても太陽輻射圧や大気の抵抗などの要因で変化してしまう人工衛星の軌道と大きく違う点です．もう一点大きく異なるのは，SLR で用いている可視光が大気で受ける影響（遅延）が簡単なのに対し，VLBI で用いるマイクロ波が高層大気（電離圏）と対流圏で受ける伝搬遅延が複雑な点です．これは逆にいうとマイクロ波が大気に対して感度を持っている（大気を「測れる」）ことを意味しますが，それは後に GNSS のところで詳しく述べます．

わが国での VLBI の研究・開発

VLBI 技術の開発は 1967 年に電波天文学への応用を目的に米国とカナダで開始されました．これは，複数の電波望遠鏡で受信した天体電波源の電波の相関の強さが，地球の自転に伴ってどのように変わるのかを解析して，点にしか見えない遠方の電波源が実際にどのような姿をしているのかを調べるためのものでした．測地 VLBI のように，遅延時間を正確に求めるための観測ではありませんが，安定度の高い周波数標準を用いる等の基本的な技術は共通でした．VLBI は本来遠くの小さな天体電波源の構造を調べるための道具だったのです．その後，限られた帯域しかない記録装置で遅延時間を正確に求めるための「バンド幅合成法」が提案され，いよいよ VLBI が測地学へ応用される道が開かれました．

日本でも 1970 年前半には VLBI が将来電波天文学や測地学の重要な技術になることを研究者達は認識していました．しかし，パラボラアンテナ（電波望遠鏡）・低雑音受信機などのマイクロ波技術，高速大量データ記録技術，原子周波数標準，計算機技術・複雑なデータ解析等々，一つだけでも大変な先端技術の全部が必要になることから，手が出せませんでした．この状況は日本だけでなく外国でも同様で，オーストラリアやロシアなど，自国での開発を早々にあきらめ，米国製のシステムの導入が相次ぎました．1971年にはNASAから当時の郵政省電波研究所(現在の情報通信研究機構，以下電波研究所）に共同研究の打診がありました．日本では同研究所がVLBIシステム開発に必要な技術分野全体をカバーする唯一の機関であり，米国NASA関連機関と宇宙通信という異なる分野ですが共同実験を行っていたのです．

電波研究所は1972年からVLBI装置開発の準備を始め，1975年からシステムの開発に着手，2年後にはありあわせの装置を繋いだ1号機(K-1）で日本初のVLBI実験に成功しました．しかし当時の遅延測定精度は5 nsに過ぎませんでした．一方そのころ世界ではバンド幅合成の技術が実用化され，遅延測定精度は0.1 nsが常識になろうとしていました．そこで1977年に同じ精度を目標に独自の2号機（K-2）の開発に取り掛かり1980年に0.2 nsの精度を達成し，世界のレベルに肉薄してきました．2号機の開発と並行して1978年に，当時の文部大臣の諮問機関である測地学審議会によって，プレート運動実測のためのVLBIシステムの開発が第4次地震予知計画の一環として盛り込まれました．本格的なVLBIシステム（3号機：K-3）の開発に着手することになったのです．3号機は予定通り1984年に完成してその年にはプレート運動の検証のための日米共同観測が始まりました．図3.9はその当時の日本のVLBI観測に利用された電波研究所鹿島支所の直径26mのアンテナです．

VLBIの国際・国内観測が本格化した80年代

1984年に完成したK-3 VLBIシステムは茨城県の鹿島支所に整備され，それを用いた国内・国際観測は1984年から一斉に始まりました．国際実験では，ユーラシアプレートや北米プレート，太平洋プレートなどの様々なプレートの上にあるVLBI局が参加する観測網が形成され，それらの局の間の距離測定が始まりました．また国内でも電波研究所と国土地理院が協力して開発した可搬型VLBI装置による国内各地における観

図 3.9　旧郵政省電波研究所鹿島支所の直径 26m の電波望遠鏡（パラボラアンテナ）．日本の VLBI はこのアンテナから始まる（情報通信研究機構提供）

図 3.10　九州での VLBI 観測を行った東海大学宇宙情報センター 11m アンテナ（東海大学宇宙情報センター提供，福間恵氏撮影）

測が本格化し，2 章で述べた三角点から構成された地上三角網を飛びこえて，日本列島の遠く離れた点の間の位置関係が正確に求められるようになりました．電波研究所と国土地理院以外でも，熊本県にある東海大学宇宙情報センター 10 m アンテナ（図 3.10）との VLBI 観測を始め，様々な国際・国内観測が数多く計画・実施されました．次の章では，SLR や VLBI の国際観測によって初めてプレート運動が観測されたことについて詳しく述べることにします．

第4章
宇宙測地技術でとらえられたプレート運動

1章では，地震がなぜ起こるのかという基本的な疑問から，地球をおおうプレートとそれらの間の動きについて述べました．また3章では，1980年代にVLBIやSLRなどの宇宙測地技術が実用化され，それらを直接測れる道具がそろったことについて述べました．この章では実際の成果を見ながら，初めて直接測られたプレートの剛体運動について説明します．

SLRによるプレート運動の検出

1980年代始めには，SLRとVLBIという2つの宇宙測地技術が成熟し，大陸間の測距によって年間数cmというプレート運動を検出することが現実的になっていました．プレートの運動速度について当時われわれは何も知らなかったわけではなく，実際に測る前からある程度正確に予測されていました．プレートが拡大する境界である海嶺の周りには，海洋底の玄武岩が新たに形成されます．岩石が冷える過程で，その中の磁性鉱物が地球磁場の方向に磁化（弱い磁石になる）します．熱残留磁化と呼ばれる現象です．磁化した海底の岩石はその地域に磁気異常（平均的な地球磁場からのわずかなずれ）を作ります．

地球磁場は何万年といった時間スケールで反転しますから，海洋底の磁気異常は正になったり負になったりして海嶺に平行な縞模様を作ります．一方，様々な時代に形成された陸上の岩石の残留磁化と，それらの放射年代（岩石中に含まれる特定の元素の放射壊変を利用して測った岩石の年齢）から地磁気逆転年代の表が得られます．磁気異常の縞模様の幅を，地磁気逆転年代表と照らし合わせれば，過去何百万年でプレートが何km動いたという長期平均的な速度が推測できます．これらの情報を総合したプレート運動モデルとして，当時はRM2と呼ばれるプレート運動モデル（Minster and Jordan, 1978）が標準的に使われていました．ただし，100万年で10 km動いたことが，そのまま毎年1 cm動くことを意味するのかは自明ではありません．

そのころ，米国NASA地殻力学プロジェクト（Crustal Dynamics Project, CDP）の呼びかけで，SLR/VLBIを使ってプレート運動を測ろうという国際共同観測が始まりました．わが国のSLRは，3章で述べたように海上保安庁水路部（現在の海洋情報部）を中心に技術開発が進められ，1982年から国際観測に参加していました．CDPでは，1979年から1982年の4年間に得られたいろんなプレート上にあると考えられている世界各局の膨大なSLRデータの解析から，異なるプレートにある局の間の距離変化が報告されました．これらの測地学的に測定された現在進行形のプレートの速度は，プレート運動モデルから計算される速度と比較され，両者が概ね合っていることが報告されました．

論文としては，1985年にNASAのゴダード宇宙飛行センターのグループが，1979年から1982年の間のLAGEOS衛星を用いたSLR観測をまとめた結果がアメリカ地球物理連合の専門誌に発表され，プレート運動の実測に関する最初の論文（Christodoulidis *et al.*, 1985）になりました．図4.1は異なるプレート上にあるSLR局の間の距離変化率の測定値と，括弧内にモデルから計算された距離変化率の値（単位はいずれもcm/年）が示されています．例えば，太平洋プレートと南米プレートにあるSLR局同士の相対運動はSLRの測定値-0.5 cm/年に対し予測値は4.6 cm/年となっており，かなり異なっています．また同じプレート上にある局同士の距離は変わらないはずですが，それらにも変化が見られます．それでも，全体としては大きな食い違いはなく，互いに調和的であるといえます．

地球全体の形が変化している

ここで少しプレート運動の話題から脱線しますが，わずかながら地球全体の形が変わってゆく様子がSLRで観測された話をしたいと思います．SLRの軌道解析を長期間にわたって積み重ねていくと，その軌道が少しずつ変わっていくことがわかります．これは地球の質量分布が真に球対称ではないことが原因です．地球の質量分布が偏っていると，衛星に及ぼす引力の方向や強さが場所によって変わるからです．地球重力場モデルは球面調和関数という緯度と経度方向に様々な波長を持った成分に分けて求められます．その中でもっとも大きなJ_2と呼ばれる成分は，

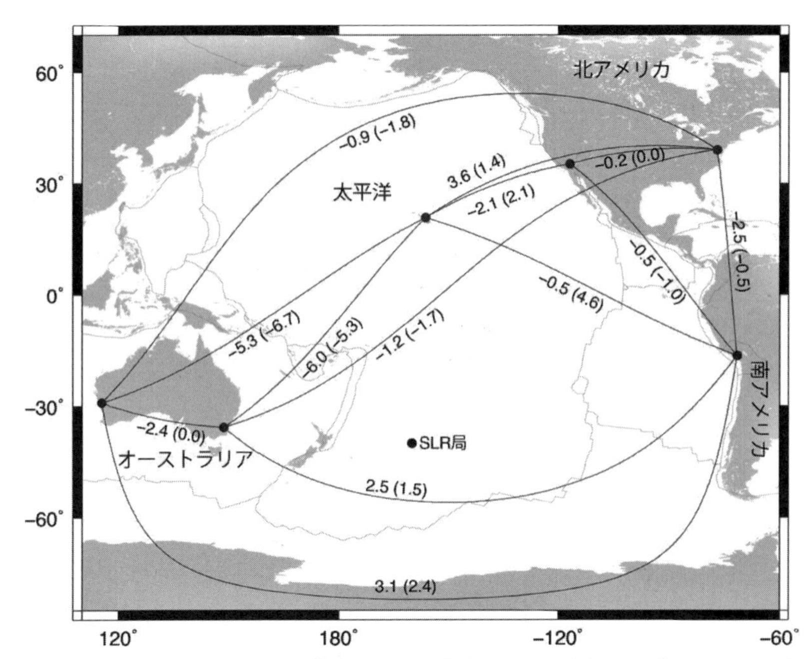

図 4.1　1979 ～ 1982 の Lageos 衛星への SLR 観測によって測られた北アメリカ，南アメリカ，太平洋，オーストラリアの 4 プレート上にある 6 局間の距離変化．Christodoulidis *et al.*（1985）のデータを基に描いたもの．数値の単位は cm/年で，カッコ内の数値はプレート運動モデル（RM2）から計算された速度です．負の値は 2 局が近づくことを示します．薄い実線はプレート境界で，プレート名が書かれています

赤道を中心とした低緯度の部分が外に張り出すことによる成分（経度にはよらない）です．その原因は地球の自転に伴う遠心力です．この地球の扁平の度合を表す成分は，衛星の軌道を表す 6 個のパラメータ（ケプラー要素）の中で，昇交点経度（地球の赤道面と衛星が交差する点の経度）に変化を与えます．この成分は軌道変化から比較的簡単に推定でき，ソ連が 1957 年に打ち上げたスプートニク衛星の軌道変化で最初に決められました．現在では SLR によってその正確な値が長年観測されています．その結果，J_2 は少しずつ減少している（昇交点経度の動きが遅くなる）ことが見つかりました．

J_2は地球を人の体に例えると，いわばお腹の出っ張り具合であり，出っ張りが減少することは地球が本来の球形に近づきつつあることを意味します．J_2の減少の原因として，最終氷期に大陸氷床に押さえつけられていた地殻が，氷床が消えたあとにせりあがってきている（後氷期回復）現象が考えられています．高緯度地域が隆起するわけですから，赤道のでっぱり成分であるJ_2の減少をもたらします．とはいってもJ_2の元の大きさである1.083 × 10^{-3}（理科年表）に対して，その減少率は100年で-3.0 × 10^{-9}程度です．100年変化しても元の量の5桁も小さい僅かな量しか変化しないのですが，測地学的には氷期の遺産が未だに続いているのです．その後の長期にわたる観測から，永年的なJ_2の減少に加えて，季節変化もしていることが確かめられました．季節変化は地球表面の大気や水の再分配に起因すると考えられています．SLR観測によって重要性が認識された重力の時間変化の計測は，2002年に打ち上げられたGRACE（Gravity Recovery and Climate Experiment）衛星に引き継がれ，地球温暖化に伴う大陸氷床や山岳氷河の融解量の推定などに重要な役割を果たしています．

VLBIによるプレート運動の検出

SLRの結果が発表された翌年の1986年，今度は異なるプレート上にあるVLBI局間の距離変化からプレート運動が検出され，2つ目の論文として発表されました（Herring et al., 1986）．観測は北米プレートとユーラシアプレート上にある10点以上のVLBI局の間で行われていました．図4.2はこれらの結果の中から10回以上の観測が行われた局の組み合わせの結果を示します．北米プレートにあるヘイスタック局とユーラシアプレート上にあるスウェーデンのオンサラ局の間では，1981年から1984年までの約4年間観測が継続されていて，1年あたり1.7 cm ± 0.2 cmの距離変化率が得られました．これはRM2モデルが予測する値とほぼ一致しています．この結果は2つのプレートが中央大西洋海嶺を挟んでゆっくりと離れていく動きを検出したものです．これほど離れた2つの局の間の距離の変化率を，1年間に2 mmという精度で求めたこと

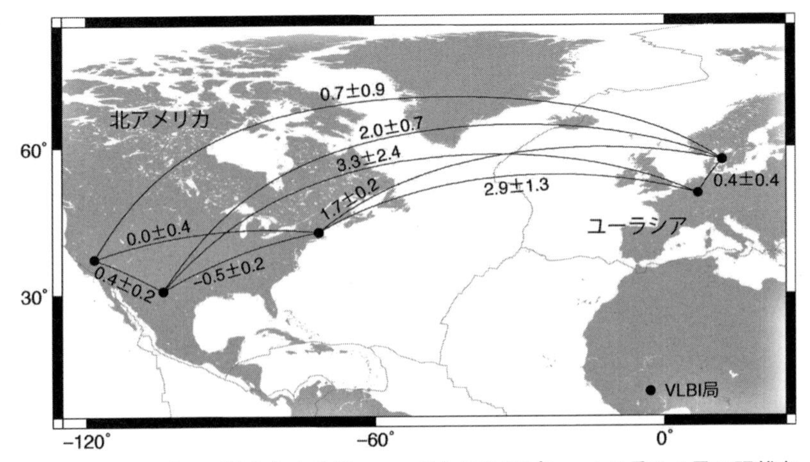

図 4.2　VLBI によって測られた北米，ユーラシアの両プレートに乗る 2 局の距離変化を Herring *et al.*,（1986）の結果から，三年程度以上の観測期間があるものを抜粋したもの．単位は cm/ 年．図 4.1 と同様な図に標準偏差とともに示したもの

に当時は驚きを禁じえませんでした．

その翌年 1987 年には日本発の論文（Heki *et al.*, 1987）が Tectonophysics 誌に発表されました．太平洋を取り囲む 5 つの局で行われた日米 VLBI 共同観測から，局間の距離（基線長）の変化を日本チームが求め，ハワイ諸島にあるカウアイ局が日本に毎年 6 cm ほどの速さで近づいていることが分かりました．図 4.3 は 5 つの VLBI 局の位置と，cm/ 年の単位で求めた基線長変化率のモデルによる予想値を示しています（カウアイとクワゼリンのように同じプレートにある局同士の基線長変化の予測値はゼロ）．ハワイのカウアイ局を載せた太平洋プレートの移動方向は大きい矢印で書かれていて，千島列島の方向に動いています．

図 4.4 は，VLBI 局間の基線長変化の 2 つの例を示したものです．上の図は太平洋プレート上にあるハワイのカウアイ局とマーシャル諸島のクワゼリン局の組み合わせ，下の図はクワゼリン局と北米プレート上にある日本の鹿島局の組み合わせです．1984 年と 1985 年のデータを用いて 1986 年に出版した論文の結果をもとに描いた図です．上の図では同

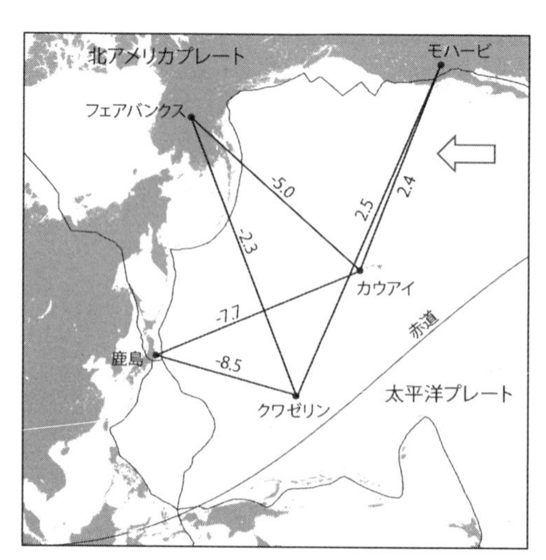

図 4.3　太平洋プレートと北米プレート上の VLBI 局を結ぶ基線長の年変化率のモデルによる計算値（単位 cm/ 年，負の値は短縮）．Tectonophysics 誌に掲載された Heki *et al.*（1987）の図を改変したもの．大きい矢印は北米プレートに対する太平洋プレートの動きで，それが左向きになるような図法で描かれています

一プレート内なので基線長に変化は見られません．一方下の図では太平洋プレートの動きに伴って基線長が短縮していることがわかります．またその変化率はプレート運動モデルから予測されるものとほぼ一致していました．これは日本海溝で東日本に沈み込む太平洋プレートの動きを一年という短い時間窓でとらえた記念すべき最初の観測になります．

地磁気異常の縞模様から，何百万年という地質学的な時間スケールではプレートがどのように運動しているかは当時でもわかっていました．ここで紹介した 1980 年代に行われた SLR や VLBI による観測結果は，われわれが実感できる数年という時間スケールでもプレートが同じ速さで動いているという事実を物語っています．しかし，誤差の範囲を超えて予測と違う動きをしている SLR 局や VLBI 局もあることがわかってきました．そこには，時間スケールの違いからくる本質的な原因も潜んでいます．それが何であるかを知るため，プレート運動の測定についてもう少し掘り下げて考察してみましょう．

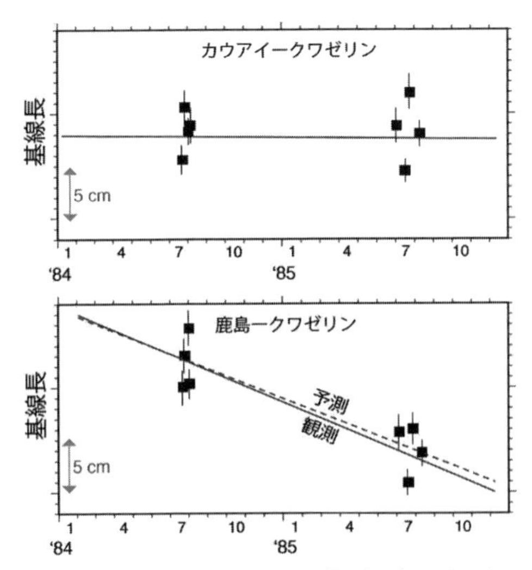

図 4.4　太平洋プレート内部にある 2 つの VLBI 局（カウアイ―クワゼリン），および北米プレート（鹿島）と太平洋プレート（クワゼリン）の VLBI 局間の基線長の変化．同じプレート内の局間の基線長は変化しませんが，異なるプレートに位置する局間の基線長はプレートの動きに伴って変化します．Tectonophysics 誌に掲載された Heki *et al.*（1987）の図を改変したもの

プレートの動きとプレート境界の変形

熱い地球深部と冷たい地表の温度差をエンジンとして，地球のマントルはダイナミックな熱対流を行っています．われわれ人類はそれを直接測ることはできるのでしょうか．残念ながらマントルが地球深部で対流しているのを直接見る手段は現在のところありませんが，その間接的なスナップショットは，グローバルな地震学的研究によって見えるようになってきました．地震波の伝わる速さ（地震波速度）は，おおむね深さの関数になっており，深いところにある密度の高い（高圧でより圧縮された）岩石の方が，波が速く伝わります．マントル中の温度の不均一は，その深さにおける本来の地震波速度からのわずかなずれとして見分けることができます（岩石が冷たいほど地震波が速く伝わる）．これらの温度の差から，核の近くから上がってきた周りより少し熱いマントルや，

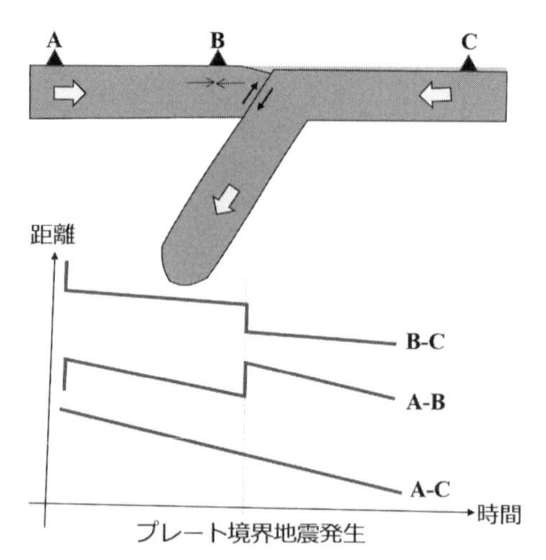

図 4.5　プレートの境界から十分離れたA点とC点，およびプレート境界に近いB点の間で距離を測ると，プレート運動は下のグラフのように見えるでしょう．プレートの境界面は普段は固着していて，プレート間地震（黒い矢印のペアはその時の断層の動き）に伴って間欠的にしか動かないと仮定しています．境界から十分離れたAとCの間で測るとプレートは連続的に動いているように見えるでしょう

地表から降りてきた周りより少し冷たいマントルを識別できるというわけです．マントル対流は地表ではプレート運動の形を取ります．年間数cmというゆっくりとしたそれらの動きを直接測るのは，大陸移動説が提唱された20世紀初頭からの夢でした．それがSLRやVLBIなどの大陸間の距離でもcmの精度を保つ宇宙測地技術の登場で実測可能になったことを，この章で述べてきました．

ところで，深部のマントルやプレートの大部分の動きは連続的だと考えられていますが，プレートの境界における相対的な動きはそうではありません．多くの場合，境界におけるプレートは何らかの地学的な「事件」を伴って間欠的に動きます．動かない期間には，プレートの境界から遠い部分（連続的に動く）と近い部分（普段は動いていない）の間に歪が溜まっていきます．歪が十分大きくなるとプレート境界が突然動いてつじつまを合わせるのです．この「事件」は日本列島のような沈み込み帯ではプレート間地震の形を取ります（図 4.5）．一方アイスランドのようなプレートが離れる境界では，大規模な割れ目噴火とそれに伴う大地の拡大の形を取ります．従って，連続的なプレート運動を測るには，プレート境界から離れたところ同士で，距離を正確に測る必要があるのです．ところが VLBI で用いた日本の鹿島局はプレート境界である日本海溝から 200 km 程しか離れていません．図 4.5 でいえば B 点になります．これでは本来の太平洋プレートと東日本がのったプレートの動きを測ったとはいえません．プレート境界に近い日本列島の変形の影響が入っているのです．

新たな課題が明らかになってきました．プレート境界に近い部分がどのように変形（地殻変動）しているかを測定して理解しないといけません．それを測るためには時間的・空間的に高密度の観測が必要です．残念なことに，VLBI や SLR は強力ですが大型かつ高価であり，これらの装置で時間的・空間的に高密度の観測をするには経費や機動性から無理があります．ところがほどなく，それらに勝るとも劣らない精度を持つ安価で小型の測位装置が出現します．宇宙測地技術にも大鑑巨砲から小型軽量への波がやってきたのです．次の 5 章で述べることにしましょう．

第5章

4つの衛星で位置を測るGNSSと海底測位：宇宙測地技術が身近になった90年代

GNSS（全地球航法衛星測位システム）とGPS（全地球測位システム）

軍用に開発されたGPS

15年以上も続いたといわれるベトナム戦争は1975年に終了しましたが，米軍の犠牲は大きく，とりわけジャングルでのゲリラ戦では多くの犠牲者が出ました．原因の一つは，米軍部隊がジャングルの中で自分の位置を見失い，知らぬ間に敵軍に包囲されていて全滅するという痛手を何度も負ったことといわれています．米国はこの教訓から，「いつでも，どこでも，誰でも，簡単に，正確に現在地を知る手段」の開発に真剣に取り組むようになり，GPS（Global Positioning System：全地球測位システム）はそれを実現したものといわれています．ちなみにGPSは固有名詞で，一般に多くの衛星からの電波を受信して測位を行うシステムはGNSS（Global Navigation Satellite System：全地球航法衛星測位システム）と呼ばれます．GPSは米国によって初めて実現されたGNSSですが，ここでは両者を特に区別せずに使います．GNSSとGPSは日本語ではいろいろ訳されていますが，ここではこの節の題名のように呼びます．

GPSがほぼ完成したのはベトナム戦争が終って15年ほどたった1990年代初めでしたが，その頃からGPSの受信機が世界中で増えていきました．GPSはそもそも軍用システムでしたが，今日では民生用として自動車のカーナビ等で身近な技術です．そこで使われている方法は，単独の受信機で地上の自分の位置を測るので単独測位といわれます．カーナビの精度は十数m，工夫をしても1m程度ですが，米国の測地学研究者や技術者達は，GPSをカーナビと多少異なる方法で使うことにより，数千km離れた点同士の相対位置を1cm以下の誤差で測定する方法を開発しました．この技術は地上の複数局の相対位置を測定するので，単独測位に対して相対測位と呼ばれます．

3章で述べたように，この頃既にVLBIやSLRは数千kmでも1cm程度の高精度で相対位置（距離）を測定できるようになっていました．しかし，巨大なVLBIやSLRの地上装置を好きな場所に移動して観測するのは，技術的には可能でも実現は費用や人手の関係で困難でした．GPSによる高精度測位は，簡易な地上局を用いてVLBIやSLRに匹敵する精度を実現する技術として，地殻変動の分野で飛躍的な進歩を生みました．ここでは，先ずGPSによる単独測位のしくみを説明し，その後相対測位技術について述べることにしましょう．

いつでも，どこでも，誰でも簡単に現在地を知る

「いつでも，どこでも，誰でも簡単に」，十分な精度で今居る場所の座標を知る手段を目標にして開発されてきたGPSが，これらの条件を満たす画期的なシステムであることを示しましょう．自分の位置を把握するのに必要な精度として，カーナビでは十数mで十分でしょう．電磁波（電波や光）を物差しとして緯度，経度，高さの3つの値を測定することを考えると，電磁波がこの距離を進む時間である数十ナノ秒の精度での時間測定が必要になります．これは現在ではそれほど難しい技術ではありません．また衛星の軌道精度が測位精度を左右しますが，それらも現在ではcmの精度が達成されています．「いつでも，どこでも」を実現するために，GPSでは地球を周回する衛星を，高度2万km，軌道傾斜角55°で6つの軌道面に各4機，合計24機（予備機を入れるとそれ以上）も打ち上げています（図5.1）．この場合，世界中で常時4機以上の衛星が見えることになります．GPSの開発が始まった頃は，24機もの衛星を上げる大計画は米国でも予算面で厳しく，日本を含む関連国に相応の負担が要求されるとのうわさが流れたほどです．

軌道を設計した時の「4機以上」の意味が重要です．ある点の位置を知るには位置が分かった複数点からの距離を測定してその点の位置を決める方法（三辺測量）を2章で述べました．そこで，3つ全ての衛星の位置（地球重心を原点とする3次元位置x, y, z）が分かっていると，3つの衛星から地上局までの3辺の距離を測定すれば地上局の位置（衛星と共通な座標系でのX, Y, Zの値）を決めることができます．そうすると4機目は不要ということになります．しかし，衛星までの距離を直接高精度で決めるにはSLRのように光のパルスを往復させる必要があり，

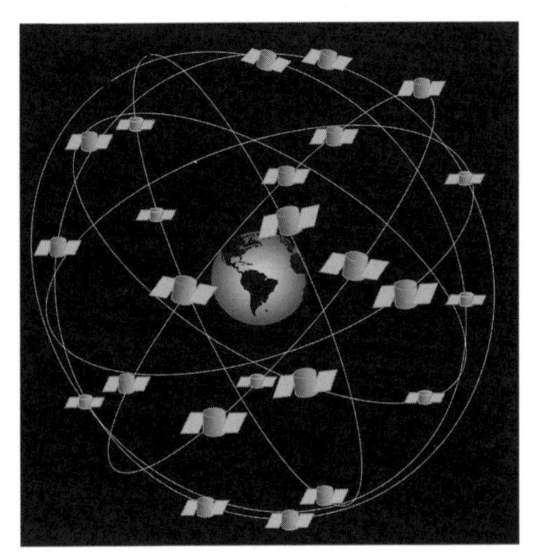

図 5.1　GPS 衛星の軌道の模式図．55° の軌道傾斜角を持つ 6 軌道の上にそれぞれ 4 個ずつ合計 24 個の衛星群からなる

「誰でも簡単に」とはいきません．そこで，衛星から一方的にやってくる電磁波を簡単な装置で受信するだけで済む方法が考えられましたが，今度は衛星と受信機の時計のずれが問題になります．4 機目の衛星が必要な理由はここにあります．

単独測位：4つの衛星を観測して自分の位置を知る

全衛星に互いに時刻が合った正確な時計を載せておき，決められた時刻にそれぞれ衛星独自の信号を送信すると考えます．一方地上受信機の時計には，衛星時計の時刻と δt というわずかなずれはあるが，衛星の追尾に必要な精度で時を刻み，衛星からの電波が伝搬する時間程度の短い時間でずれが変わらない程の手軽なものを使います．そして衛星が送信した電波が地上受信機に到達するまでの時間を受信機の時計を使って測ります．図 5.2 に示すように，この測定された時間には，電波が衛星と地上局間の距離 Δr_i を伝搬する時間（$\Delta r_i/c$）に加えて，衛星との δt の時刻差が含まれています．この測定時間に光速をかけて求められる距

離 d_i は，時刻差のために衛星－地上局間の真の距離と異なっているので，「擬似距離」といわれます．位置を示す3つの未知数に受信機の内蔵時計の時刻差を加えた合計4つの未知数があるわけです．そのために3つの衛星を一つ増やして，4つの衛星との擬似距離を測って4つの未知数を計算します．ここで注意しておかねばならないのは，各局は4衛星を「同時」に観測しなければならないことです．観測時刻が異なると，その間に δt が地上時計のずれのせいで変わってしまうからです．様々な方向にある4衛星を一つのアンテナと受信機で同時に観測する方法については，後で述べます．

4つの擬似距離を使って自分の位置を求める方法を数式で示しておきましょう．地上局の位置を（X, Y, Z），4つ衛星の位置を（x_i, y_i, z_i : i=1, 2, 3, 4）とし，4つの衛星と地上までの擬似距離の測定結果 d_i : i=1, 2, 3, 4と，地上局の時計と衛星時刻の差 δt を使うと，図5.2の式に示した関係が成り立ちます．

地上の位置（X, Y, Z）と δt の4つの未知数は，この4元連立方程式を解いて求められます．実際には観測誤差があり，また5個以上の衛星が同時に見えることが普通なので，なるべく多くの衛星を用いて複数回の擬似距離の観測を行った結果から，最小二乗法を用いて（X, Y, Z）と δt を推定して，測位精度を上げています．

4つの衛星を同時に見る

複数衛星で同時に行う擬似距離の測定は巧妙です．図5.3に示すように，全衛星が衛星時刻のタイミングで，それぞれに決められた衛星ごとに異なる暗号を発生させます．暗号は0と1がずらっと並んだPRN（擬似ランダム雑音）符号です．搬送波と呼ばれる特定の周波数の正弦波を，それらの暗号のデジタル信号で位相変調（0と1の変わり目で搬送波の位相を180°変化させる）したマイクロ波として地上に送信します．0又は1の継続時間はもっとも短いもの（1ビット長）で約1マイクロ秒（1000 ns）です．

地上局では衛星ごとのPRN符号（GPSではC/AコードとPコード

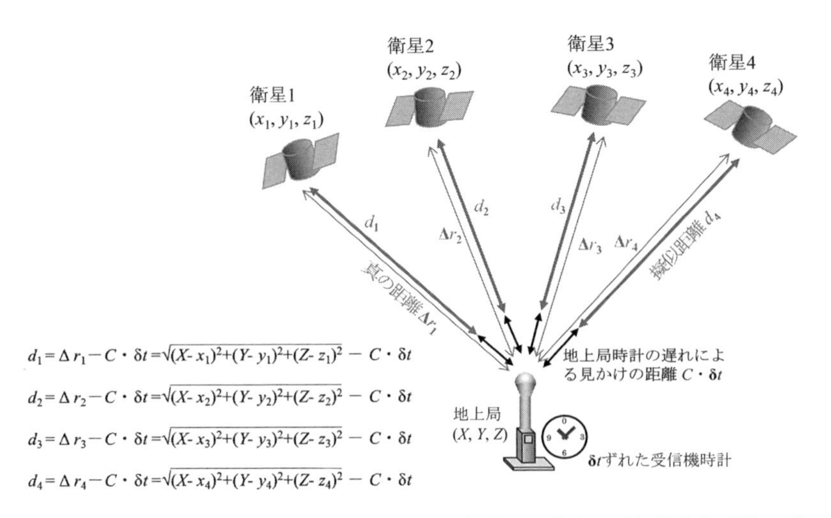

図 5.2　GPS による単独測位の原理．地上局の位置の三成分と受信機内蔵時計のずれを決めるために最低 4 機の衛星からくるマイクロ波を同時に受信する必要がある

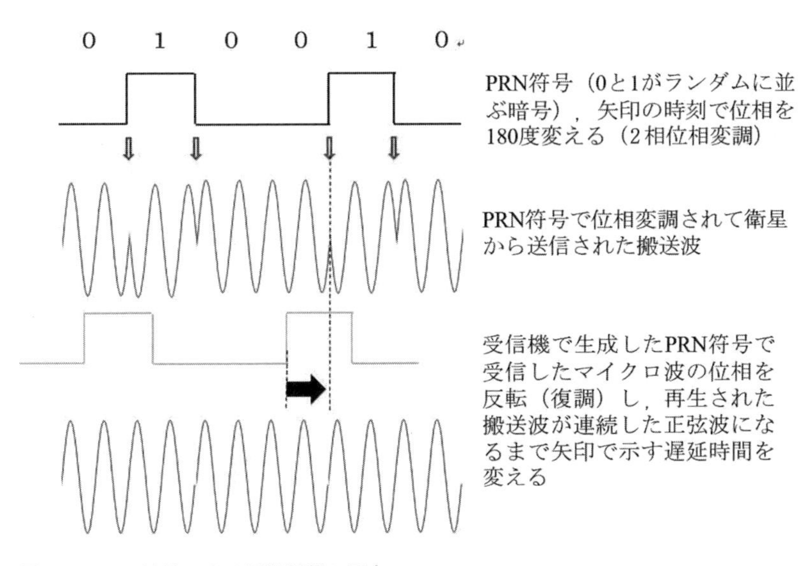

図 5.3　PRN 符号による擬似距離の測定

の2つが使われていますが，一般の人が使えるのはC/Aコードです）を前もって知っていて，自分の時計に合わせたタイミングで独立にそれらを発生し，衛星から送られてきた位相変調された信号を「復調」（位相が連続した元の正弦波にすること）して元の搬送波に戻します．しかし双方のPRN符号が同じパターンで，かつタイミングが合わないとうまく復調できません．そこで，受信機の中で発生するPRN符号のタイミングを少しずつ遅らせて復調し，きれいな搬送波が再生されたとき，タイミングが合ったと考えます（図5.3）．このような操作を同時刻に送信された4衛星からの信号について行います．このとき受信機のPRN符号を遅らせた時間が，電波が衛星から地上の受信機まで伝搬する時間（$\Delta r_i/c$: i=1, 2, 3, 4）に，受信機の時計のずれ（δt）を足した時間となり，それに光速をかけた値が擬似距離になります（図5.2）．

合わせられるタイミングの精度は1ビット長の数十分の1程度です．1ビットの1000 nsの間に電波は約300 m進みますから，一回の擬似距離の測定精度は十数～数十m程度です．単独測位ではこのような擬似距離の測定を何回も行いますから，位置誤差は十数m以下になります．なお，測位計算に必要な情報である航法メッセージ（衛星の位置をこれを用いて計算する）はデジタル信号としてPRN符号に載せられていますが，それは1秒間に50ビット程度のゆっくりしたものです．

4機以上の複数衛星を同時に受信することが重要であると述べましたが，それを可能にしているのがPRN符号を用いた方式です．一般的に同じ周波数帯の電波が重なり合うと混信が生じて正常な通信ができなくなります．しかしPRN符号を用いて位相変調すると，電波のエネルギーが搬送波周波数を中心として幅を持った周波数帯に広く浅くPRN符号で異なる拡散をされますので，搬送波周波数が同じでもPRN符号さえ違えば混信しないのです．同時受信に関してもう一つ重要なことがあります．衛星からの電波は，無指向性のアンテナで同時に受信できるほど強いという点です．これがVLBIなら，強い指向性を持つパラボラアンテナを特定の天体電波源に向ける必要がありますので，複数電波源は同時に受信できません．

以上，GPSの単独測位の仕組みをまとめます．たくさんの衛星が地球を周回しており，それらの位置は分かっています．それらに搭載された時計の時刻は合わせられていて，この時計に同期した信号が地上に送られます．地上受信機は無指向性のアンテナで4つ以上の衛星の信号を同時に受けて，衛星の時計と少しずれた受信機の内蔵時計を使ってそれらとの間の擬似距離を測定します．それらの値から受信機の座標と受信機時計のずれを求めるのです．目標どおり「いつでも，どこでも，誰でも簡単に」十数mの精度で現在地を知ることができるようになったのです．

相対測位では搬送波位相を連続観測する

これまで述べたGPSによる単独測位では，受信機を使って自分だけで現在地を十数m程度の精度で知ることができました．しかしこの精度では前に述べたcm以下の単位の変化を扱うプレート運動や地殻変動の研究には利用できません．ところが，搬送波に乗ったデジタル信号ではなく，複数局で同時に観測した搬送波そのものの位相を比較すれば，局間の相対位置を数桁高い精度で決めることができます．これが相対測位です．

C/AコードやPコードを使って再生された搬送波は周波数が1.2 GHzと1.5 GHz，波長が20 cm程度と短いので，それらの位相を使えば高精度の位置測定ができそうです（細かい目盛りのついた物差しで測ることに相当）．しかし連続した正弦波である搬送波を複数の局で受信して位相差を求めても2 π（360°）の整数倍の不確定性があり，そのまま局間の相対位置を決めることはできません（物差しの目盛りは細かいが数値が書かれていないことに相当）．

地上局から見たGPS衛星は，天体電波源の2倍の速さで上空を移動します（半日で地球を1周する）．複数の局で受信した衛星からの搬送波の位相差は，VLBIにおける幾何学的遅延に相当します．その値は衛星の移動や地球の自転によってめまぐるしく変化しますが，そこには局同士の相対位置の情報が含まれています．GPSでは，ある時刻から「連続して」各衛星から来る搬送波の位相を追跡します．最初の位相差に含まれる2πの整数倍の不確定性は不明のままですが，測り始めた後は2πの整数倍もしっかり追跡します．物差しの目盛りはついていないが，測り始めた場所をゼロとしてそこからは自分で目盛りをつけながら読んでいく感じでしょうか．個々の衛星は数時間見え続けますから，その間複数の地上局で同じ衛星の搬送波位相を連続して記録するのです．GPSの相対測位ではこの位相の変化を積極的に利用します．VLBIのように特定の電波星を短時間観測して特定の時刻での遅延を測ってよしとする方法と対照的です．

位相差をとって時計のゆらぎを消す

軌道が正確にわかっている2機の衛星からの搬送波の位相を二か所の地上局で測定することを考えます．ある時刻から連続的に搬送波の位相を測定することによって，測り始めた時からの衛星と地上局の距離変化を連続的に観測します．測り始めた時の位相に含まれている整数の不確定性はわかりませんので，ここで測れるのは位相を目盛りとした距離の変化に他なりません．しかしその値はそのままでは使えません．衛星と受信機の時計の影響で大きくふらついているからです．

衛星の電波は衛星に搭載された時計（発振器）から生成されており，そのゆらぎの影響を受けます．また受信器での位相読み取りのタイミングは受信機の時計に従っていますので，そのふらつきが直接測定値に影響します．受信機の内蔵時計は簡易なものが多く，その影響は深刻です．ここでは，図5.4に従って受信機と衛星の時計のふらつきによる測定値のゆらぎを，「差」を取ることによって除去する方法を説明しましょう．

先ず同じ衛星の電波を2つの地上局で受信して，その搬送波位相の差を求めます．これで衛星に搭載された時計の時刻のゆらぎ（単独測位の説明では無視してきましたが相対測位は高精度なので影響する）が打ち消されます．衛星の時計がゆらいだ結果が両方の受信機に同じように現れるからです．次に異なる衛星のペアを作ってその間の搬送波位相の差を取ります．こうすると地上局の時計のゆらぎも打ち消されます．受信

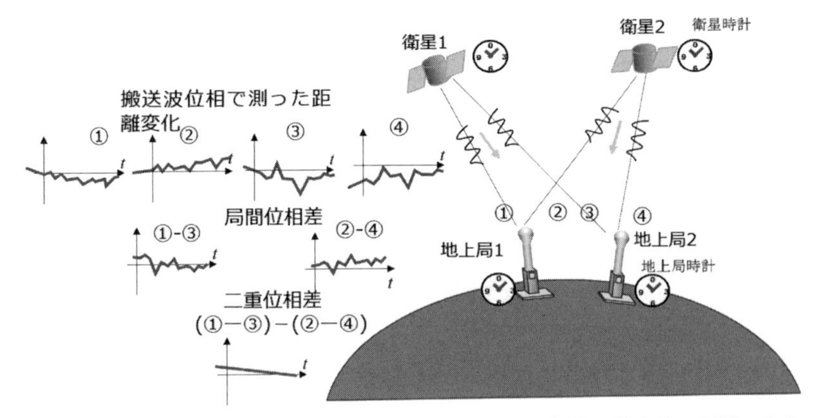

図 5.4　GPS 相対測位において，搬送波の位相を用いて衛星と地上局の距離の変化を連続計測する．局間の位相差を取ると衛星時計のゆらぎを相殺でき，さらに二重位相差を取ることによって地上局時計のゆらぎも相殺される．

機の時計がゆらいだ結果が，異なる衛星のデータに同じように現れるからです．このように，受信機間の位相差を取り，さらに衛星間の位相差をとったものを二重位相差と呼び，相対測位ではしばしばこれらを用いて局の位置を推定します．

ちなみに受信機の時計のゆらぎが打ち消されることは，それらの時計は「そこそこ安定」であれば差支えないことを意味します．VLBI のような大きくて高価な水素メーザ周波数標準が要らないことは，受信機の小型化に大きく貢献しました．さて，位相測定開始時の整数不確定性ですが，これは二重位相差をとっても不確定のままです．その対処法について説明しましょう．

二重位相差による相対位置の推定

地上局 1 の位置を既知と仮定して，それを基準に地上局 2 の位置を求める方法を考えます．また 4 機の衛星を仮定し，衛星間の位相差は衛星 1 を基準に 1 と 2，1 と 3，1 と 4 というペアで求めることにします．衛星 1 と 2 のペアの二重位相差の観測値は，マイクロ波の波長 λ を単位として表すと

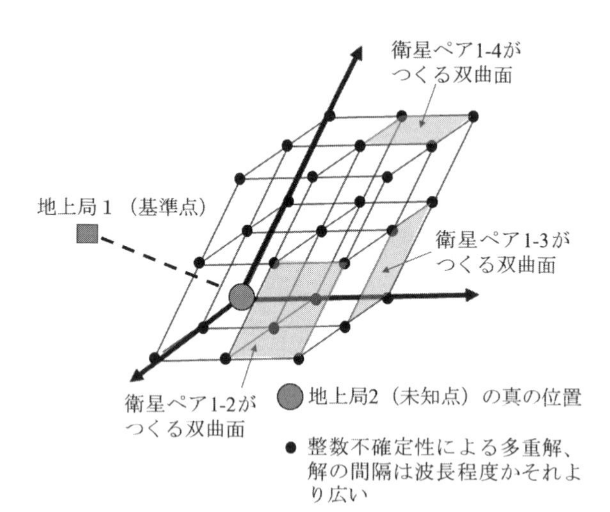

図 5.5　相対測位における多重解と真の解．解は 3 つの衛星ペアがつくる 3 枚の双曲面の交点であるが，整数不確定性により双曲面が等間隔で何枚も存在するため，多重解が発生する．面の方向は衛星の動きに従って変わってゆくが，位置が変わらない解が真の解である

二重位相差 $/2\pi + N_{1\text{-}2,1\text{-}2}$ +（衛星 2 と局 1 の距離—衛星 1 と局 1 の距離）$/\lambda$
=（衛星 2 と局 2 の距離—衛星 1 と局 2 の距離）$/\lambda$

となります．衛星 1 と 2 の位置，そして地上局 1 の位置は既知，また $N_{1\text{-}2,1\text{-}2}$（衛星 1 と 2 のペアを，局 1 と 2 のペアで差をとった二重位相差の整数不確定性）に適当な仮の値を与えれば，とりあえず左辺は既知になります．右辺は地上局 2 と 2 つの衛星の距離差ですから，局 2 は「2 つの衛星の位置を焦点とした双曲線を，2 点を結ぶ軸の周りに回転させた双曲面」の上に存在します．平面上で 2 つの焦点からの距離の差が一定になる点の軌跡が双曲線だからです．整数不確定性が 1 変わると双曲面の位置と形は少しずれます．また衛星が空を動いていくにつれて，双曲面も動いていきます．衛星の組み合わせはこの他に 2 つのペア（1 と 3，1 と 4）がありますので，合計 3 つの回転双曲面が交わる点が局 2 の位置になります（図 5.5）．

ところで，3つの整数不確定性 $N_{1\text{-}2,1\text{-}2}$ と $N_{1\text{-}3,1\text{-}2}$ と $N_{1\text{-}4,1\text{-}2}$ を適当に仮定しましたので，局2の位置の候補である双曲面（図5.5のスケールではほぼ平面）の交点も無数の格子点（多重解）として存在します．どの解（どの交点）が正解かは，衛星が空を動いていっても動かない点であることから判断します．このとき，局2の位置を単独測位等の方法である程度決めておく（正解の交点を少数に絞っておく）必要があります．このように連続した位相観測で相対測位を行うのに必要な観測時間は30分から1時間です．正解の点が決まれば，整数不確定性の値も確定します．相対測位では，数mmの高精度で位置が推定できますが，この整数値を間違えると（正解の隣の点を正解としてしまうと）搬送波の1波長分である20 cmあまりの位置誤差が生じます．一方整数不確定性を一旦決めてしまうと，衛星を見失わない限り，その後の時々刻々の位置変化は不確定性なしに追跡できます（キネマティック測位）．

様々な解析ソフトウェアと精密単独測位

現在，測地学者や地球物理学者がGNSSデータを解析するソフトウェアとしては，米国製の2つのソフトウェア（マサチューセッツ工科大学で開発されたGAMITとカリフォルニア工科大学ジェット推進研究所で開発されたGIPSY）とヨーロッパ製（スイス・ベルン大学で開発されたBernese Software）のソフトウェアが三大ソフトウェアとして広く使用されています．GAMITとBernese Softwareは既に述べた二重位相差を主な観測量としていますが，GIPSYは衛星からの搬送波を地上受信機で受けた位相を，差を取らずにそのまま観測量としています．当然その中には衛星や受信機の時計のずれが含まれていますが，それは局位置と一緒に推定するという独自の方法を採用しています．

またGIPSYには，精密単独測位（Precise Point Positioning, PPP）と呼ばれる，単独測位でありながら相対測位並みの精度を実現する方法が初めて装備されました．これは衛星に搭載された時計のゆらぎをあらかじめ世界中の主要な地上局の観測データから推定してしまい，その値をデータセンターのサーバーに格納してユーザー間でシェアします．そこで，例えば新たに設置した位置不明の地上局で観測データを取得したとします．衛星の時計の時々刻々のずれは，データセンターからダウンロードすれば既知ですから，あとはその局の位置と受信機の時計のずれだけを推定すれば良くなり，処理が格段に楽になります．この手法は，見かけ上単独測位ですが，世界中に展開された主要な局から求められた衛星の時計データを使っていることを考えると，実は相対測位なのです．ただその面倒な部分をあらかじめ一斉にやっておいて，後に新しい地上局に関する部分を切り離して行っているわけです．

上記の三大ソフトウェアに加えて，国内で開発されたソフトウェアもあります．特に最近国土地理院が開発したGSI-LIBはGPSだけでなくロシア，欧州連合（EU），中国のGNSSや日本の「みちびき」（準天頂衛星システム）にも対応したマルチGNSS機能が特徴の高性能ソフトウェアで，研究者はそれをダウンロードして使うことができます．

日米貿易摩擦とGPS

1980年代後半からGNSS（当時はGPS）の受信機とソフトウェアの開発は欧米を中心に行われていましたが，日本でも開発が進められていました．ところがその頃，日本の対米輸出が輸入を大幅に上回り，日本は輸入を増やすよう，米国から圧力をかけられていました．このような貿易摩擦の解消策として日本政府は米国製品の購入のための補正予算を組み，科学技術を発展させるプロジェクトにつぎ込みました．その一つとして，1987年に大学や国立試験研究機関は当時1000万円前後もする相対測位用のGPS受信機を，二桁におよぶ台数購入しました．日本列島内の地殻変動を測定して，将来の地震や火山噴火などの防災研究に役立てるためです．同じ時期に，米国製の電波望遠鏡も測地VLBIのために複数機輸入されました．

その後，電子技術の進歩に伴ってGPS受信機の価格は下がって行きました．1990年代なかばからは国土地理院によって図5.6に示すように，1000台を超えるGPS連続観測局（電子基準点）が段階的に配備され，文字通り日本列島の地殻変動をくまなく測ることができるようになりま

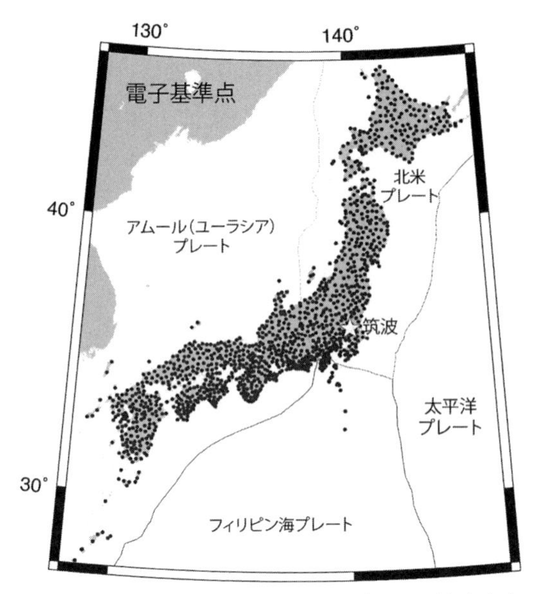

図 5.6　国土地理院の電子基準点網（星印は筑波中央局）．地図の枠外にも沖縄県や小笠原村に電子基準点が置かれている

した．国土地理院が運用する GEONET（GNSS Earth Observation Network）と呼ばれる日本が世界に誇る高密度かつ高精度な測量網です（図 2.7 にある電子基準点がこれに相当します）．GEONET を用いて測られた火山噴火や地震に伴う地殻変動は国土地理院によって迅速に解析・報道されますので，皆さんの記憶にも残っていることと思います．

同時に，外国製品の大量購入は国内でのシステム開発の意欲をそいだ事も否定できません．その当時わが国では，同時に 4 衛星を受信する方式（現在普及している方式と同じ）と，高速でアンテナビームを切り替えて 4 機の衛星を順次受信する 2 つの方式のシステムが開発され，テスト観測の段階に入っていいました．しかし，90 年代に入ると日本独自の相対測位システムの開発は，ハードウェアとソフトウェアの双方で縮小していきました．

精度の向上と新たなフロンティア

VLBI や SLR そして GNSS の宇宙測位技術は，100 km 以上の長距離において，地上測量の m 単位から cm 単位への精度改善を実現しました．この精度改善は，地球大気が濃く変動の激しい地表に沿って行う地上測量に代わり，光やマイクロ波が大気を上から下に一回だけ通過する（SLR は往復で 2 回）経路で測定することにより実現したものです．宇宙測地技術の普及に伴い，地球大気による伝搬遅延のモデルの改善，伝搬遅延の仰角依存を利用して大気伝搬遅延を推定する方法の改良，GNSS 衛星の軌道精度の向上，などの努力により精度は徐々に良くなってきました．大陸間の距離や観測点の位置を mm 単位で計る時代になったのです．しかし，地球表面の動きを「どこでも」mm 単位で測定できるようになったのでしょうか．いえ，地球表面の 3 分の 2 を占める海の底が残っています．日本は海に囲まれており，プレート境界はほとんど海底にあります．日本周辺の地殻変動全体を知るには海底の動きの測定は不可欠です．でも良導体である海水をマイクロ波は伝わることができません．衛星からの電波が届かない海底の動きはどうすれば測れるのでしょうか．

音波を利用した海底測位

年間数 cm の速度で移動する海洋プレートは海溝で沈み込んでいきますが，摩擦もなくスムーズに沈み込んでゆくわけではありません．海洋プレートと島弧のプレートの境界では，その一部が固着して（スムーズな沈み込みが阻害されて）その周りにひずみを蓄積します．やがて巨大地震がそれらを一気に開放します．その後境界の固着は回復し，次の地震に向けてひずみが再び溜まってゆきます．これが沈み込み帯の地震の繰り返し（地震サイクル）です．

日本海溝や南海トラフでこのような地震サイクルが地質学的な時間にわたって繰り返されてきました．プレート境界が固着しているかどうかは，陸側（日本列島側）の陸上に置かれた GNSS 局が沈み込む海洋プレートと同じ方向に押されて動くことから推察されます．ただし，これは陸に比較的近い，つまりかなり深い部分の固着に限られます．海溝のごく近くの浅い境界が固着しているかどうかは，海溝付近の海底が陸向きに動くかをcmの精度で監視することが不可欠です．

深さ数千mの海底では，人が降り立って作業することはできません．船から伸ばしたドリルで穴を掘ったり，潜水艇から窓越しに様子を見たりするのがやっとです．このような海底位置基準点（海底局）を設置して，その動きを見ることは可能でしょうか．最大の問題は，良導体である海水の中をGNSSやVLBIで用いるマイクロ波が伝搬しないことです．SLRで用いる可視光が届くのも，綺麗な海の浅い海底に限られます．海底まで届いて，比較的扱いやすい波は「音波」です．そこで，海中を伝搬する音波を利用して位置を測ることになります．

定常的な海底測地観測においては，残念ながら地上で実現されているmmの精度はまだ達成されていません．音波が伝わる速さ（音速）は海水の圧力，温度あるいは塩分濃度によって10分の数％程度変化し，それらの変化が1 cmをはるかに超える誤差を生むからです．しかし日本の大学や関係機関の研究者は様々な工夫をこらして，海底測地観測の精度を徐々に向上させてきました．今では，数年分の時系列から地殻変動を捉えることができるようになりました．また東日本大震災を引き起こした2011年の東北地方太平洋沖地震に伴って，震源付近の海底が何十mも東に動いたことも計測することができました．このまま測定技術が進歩して，いずれは地上と同程度の精度で海底の動きが観測できる日がくるのでしょうか．ここでは最新の海底測位技術のあらましを紹介しましょう．

6つの過程から成る海底の測位

海底に設置された海底局の測位には，図5.7に示す様々な分野の高度な技術が必要です．海底局の位置を求めるための6つの過程を順次説明しましょう．(1) 船又はブイには4つまたはそれ以上のGNSSアンテナ・受信機を装備し，波や海流で動くアンテナの時々刻々の位置を求め，

(2) それらの位置から波による船またはブイの回転の3成分（姿勢）と重心の位置を求めます．姿勢はGNSS以外の装置で別途求める場合もあります．(3) 船底又はブイに固定された音波の送信器（音響トランスデューサ）から海底局に向けて音波信号を送信します．なお，音響トランスデューサの位置は（1）と（2）から求められます．(4) 音響トランスデューサからの音波信号が海底局に相当する音響トランスポンダ（1つまたは3つ以上のアレイを構成する）に達し，音響トランスポンダは船又はブイに向けて音波信号を折り返します．(5) 海底局で折り返された音波信号を船又はブイで受信して往復の伝搬時間を測定し，(6) 伝搬時間と別途測定した海中の伝搬路での音速分布から海底局の位置を推定します．この技術はGNSSと海中音響技術を利用することからGNSS/Acoustic（GNSS/A）と呼ばれるようになりました．次にこれら6つの過程について順番に説明していきましょう．

海上の位置は移動体GNSS相対測位で

海底局の位置測定は船又はブイに固定された音響トランスデューサから行うので，まず船又はブイの位置を求めなければなりません．図5.7を見てください．海底局に近い地上基準点の位置を1～2 cmの精度であらかじめ求めます．地上基準点の近くで，船舶搭載のGNSS受信局とGNSS相対測位を行い，衛星の組み合わせで二重位相差における整数不確定性をあらかじめ求めておきます．あとはキネマティック測位によって船の位置（船やブイに取り付けられたGNSS受信機の位置）を追跡できます．キネマティック測位が連続してできるのは，海岸から観測を開始するので衛星からの電波をさえぎるものがないからです．また，海底局の測位のための音響トランスデューサの位置を求めるには船やブイの姿勢が必要です．波や海流によって複雑な姿勢の変化をしますが，複数のGNSSアンテナを用いてそれを確実に捉える必要があります．

船やブイの回転運動の測定

船やブイを剛体とすると，その運動は図5.8に示すように，重心の並

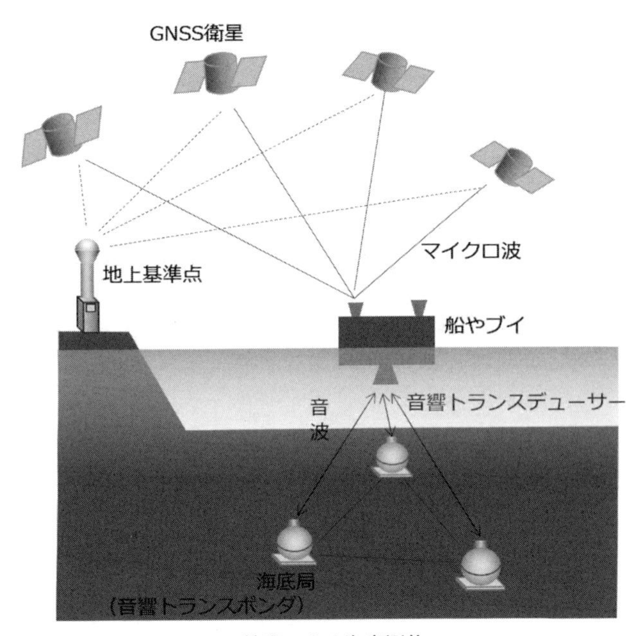

図 5.7　GNSS/Acoustic 技術による海底測位

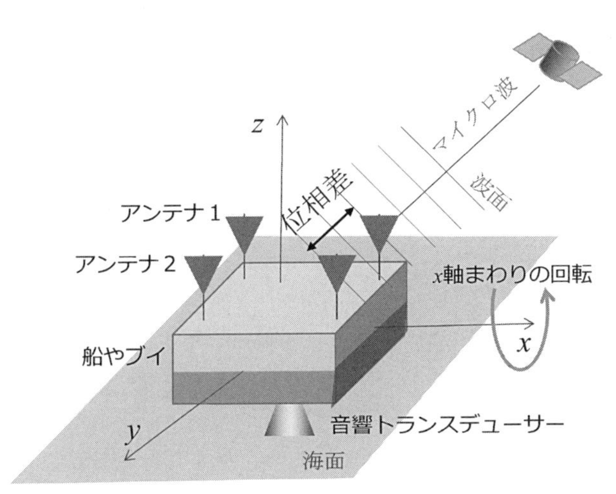

図 5.8　船やブイの回転運動（姿勢）の測定．方向のわかった衛星のマイクロ波のアンテナ間の位相差からブイの姿勢（x, y, z 軸の周りの回転）が求められる

進運動とそのまわりの回転運動にわけることができます．ブイの回転はアンテナの組み合わせと位相差からわかります．2つのアンテナで受信した電波の位相差は2つのアンテナを結ぶ線の電波到来方向への射影を反映します．ですから，複数のアンテナを用いて3つ以上の異なる方向成分を測定すれば，船やブイの並進運動と回転運動による位置変化のデータが得られます．並進と回転の2種類の運動の分離には一定の時間以上観測する必要があり，波の動きを十分な精度で追跡するには多くの衛星を多くのアンテナの組み合わせで測定する必要があります．図5.8の例ではブイの4端にそれぞれアンテナを設置して，音響トランスデューサの動きを求めています．

少し話が外れますが，人工衛星の姿勢の決定に，搭載した小型望遠鏡で方向が既知の星を撮像し，視野中の星像の位置を利用する方法があります．スタートラッカーと呼ばれ，星像の位置変化から衛星の回転軸方向と回転速度を求めています．ブイの姿勢決定にGNSSを利用する場合は，星像の位置変化を回転による位相差の変化に置き換えたことになります．衛星の姿勢変化はゆっくりなので星像データから正確に決められます．一方，海上での波による船やブイの回転運動は数秒以下の変動も含まれますから，高頻度でそれらを推定しなければなりません．そこで，速い動きはジャイロ等による測定も併用して測ることがあります．

海上から海底局の位置測定は音波で

船やブイの下部に設置された音響トランスデューサは海底に設置された海底局に向けて音波を送信します．海上保安庁海洋情報部のシステムを例に説明します．10 kHzの搬送波をM系列と呼ばれるランダムな0と1から成るコード（ビット長は波長の4倍相当）で位相変調し，海底局のトランスポンダに送信します．海底局のトランスポンダがこの信号を受信すると，識別符号をつけて折り返します．どのトランスポンダから折り返されたか，音波信号を区別しつつ複数トランスポンダからの信号を同時受信します．海底トランスポンダからの信号は，海上で200 ksps（1秒に20万回読み取る）の速さで読み取ります．この受信信号と，

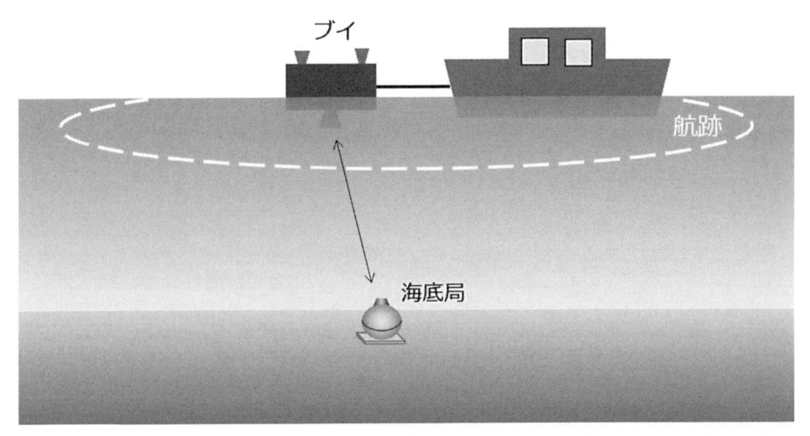

図 5.9　海底局の測位．海底局が 1 つの音響トランスポンダの場合，船がブイを曳航して，様々な方向から音波による測距を行う

計算機上で作った送信信号と同じ信号を，遅延を増減しながら比べ，相関が最大になる遅延を求め，音速をかけて距離に換算します．音波の信号を識別しながら受信するのは，周囲の物体に反射された音波を間違えて測定することを避けるためです．音波と電波の違いはありますが，複数の GPS 衛星から送信されるマイクロ波を同時に受信し，衛星ごとに異なるコードで位相変調された搬送波を受信機中で再生する手順と似ていますね．

海底局の位置を測定する 2 つの方法について述べます．第 1 の方法では，1 個のトランスポンダを海底局とし，この上の海面で，GNSS 受信機を搭載したブイ又は船が移動しながらいろんな角度から測距し，海底局の位置を決定します（図 5.9）．このとき測距を行う地点の水平位置が海底局のまわりにまんべんなく分布することが重要です．第 2 の方法では海底局を 3 つ以上のアレイで構成し，できるだけその中心の真上の海面で測定します．2 つ目の方法は観測中，音速が深さ方向に変化しても海底局の水平位置にあまり影響しないという利点があります．

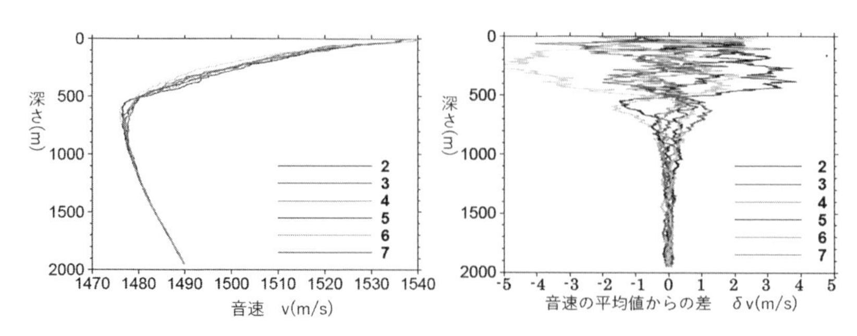

図 5.10 海中における音速の変化．左図は温度と塩分濃度を何回も測定（XCTD）して計算した音速の値．右図はそれらを平均値からの差としてプロットしたもの．数字は観測の違いを示す．（出典：東北大学理学研究科地震・噴火予知研究センター HP http://www.obs.geophys.touhoku.ac.jp/dmg/gpsa/detail/index.html）

海中の音速の測定

海中の音速は海水の温度，塩分の濃度，深さ（圧力）から，経験式を用いて計算できます．音速はおおむね 1500 m/s 程度ですが，500 m から 700 m より浅いところの海水ではその 0.3％程度に達する大きな変化を示します．音速の測定には，①センサーを何度も上げ下げして温度，塩分濃度，内蔵圧力計で深さの全てを連続観測する CTD（Conductivity Temperature and Depth），②投げ込み式で 1 回だけ測定であるが温度と塩分濃度をはかり，深さは水中落下速度の経験式から求める XCTD（Expendable CTD），③深さを水中落下速度の経験式から求め，温度のみ測定する XBT（Expendable Bathy Thermograph）などの手法があります．図 5.10 は XCTD による観測結果と，平均音速からのずれを示す例です．

500 m 以浅でも，音速が 0.3％程度変われば（秒速 4 ～ 5 m 程度），音波で測定した距離に 1 m 程度の誤差を生じることになります．このように海中の大きな音速の変化がある中で，1 cm 程度の測距を実現するには，伝搬路に沿って音速を直接測定するか，温度と塩分濃度の 3 次元分布（圧力は深さから求められる）とその時間変化をモデル化する必要があります．しかし，現状では音速の 3 次元的な構造とその時間変化を

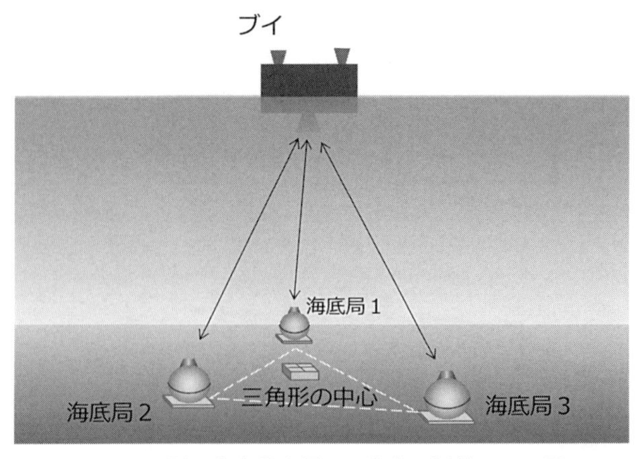

図 5.11　アレイ型の海底局を用いた海底の測位．この図では三つの海底局がつくる三角形の中心の位置を測っている

正確に求めることは困難であり，今後の技術的な進歩に期待するところです．

深さ方向の音速の変化に強い観測方法（アレイ型海底局）

三つ以上の海底局を置くと，音速の変化による測位誤差がある程度相殺されます．この方法は米国スクリップス海洋研究所のグループが考案したもので，日本でも海上保安庁海洋情報部，東北大学や名古屋大学が（一部）採用し，研究を進めています．図 5.11 に示すように，海底局はほぼ正三角形の形に設置された 3 つの音響トランスポンダからなるアレイを構成します．三角形の 1 辺はトランスポンダの深さ程度にし，それらのおおよその位置はあらかじめ他の方法で求めておきます．アレイ中心の真上付近の海面で，3 台のトランスポンダに対してほぼ同時に測距します．この方法では，観測中に高さ方向の音速構造の変化があったとしても，3 つのトランスポンダまでの遅延に対して共通に効くため，3 つのトランスポンダ位置の平均を取ることによって水平位置の誤差が打ち消されます（一方深さ方向の位置は変化して見える）．この方法で 48

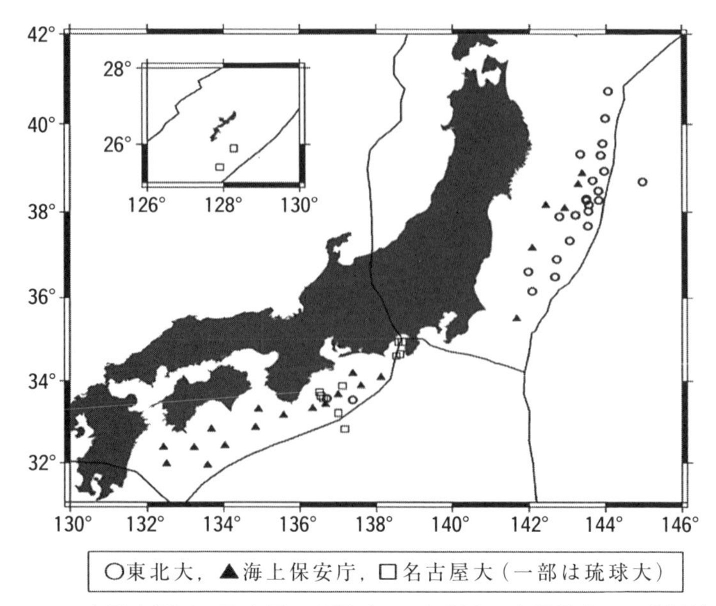

図 5.12　日本列島周辺の海底局の配置（2016 年現在；木戸元之，日本測地学会誌 ,59,No.1,pp.99-110,2013 の図を最新のものに更新した）

時間観測して水平位置の測位精度 1 cm を達成した例もあります．しかし，水平方向の音速変化の影響は打ち消されないので，安定した高精度の実現には，海中での音速分布とその時間変化の測定が重要であることは変わりません．

ちなみに深さ方向の位置については，海底圧力計（海底で海水の水圧を測る）によって 1 cm 相当の精度で測定できます．この装置は水圧が水深とともに増加することを利用しており，地上で用いられる高度による気圧変化を利用した高度計と同じ原理です．この方法は連続観測できる点が強みですが，装置自体のドリフト（動いてなくても時間とともに計測値が変わってしまうこと）が欠点です．

東日本大震災以後に増えた海底局

東日本大震災をもたらした 2011 年 3 月 11 日の東北地方太平洋沖地震

で，沈み込み帯の海溝に近い部分（陸から遠い部分）で数十 m という大きな断層すべりがあったことから，海底の動きを複数地点で測地学的に測る重要性が認識されました．この震災以降に海上保安庁，東北大学，名古屋大学等によって設置された海底局も含め，日本近海の海底局の分布を図 5.12 に示します．特に日本海溝沿いと，近い将来大きな地震が発生すると考えられる南海トラフ沿いに新たな海底局が多く設置されました．合計点数は 50 点を超え，1000 点を超える日本列島陸上の GNSS 網には及びませんが，海底局網としては世界に類を見ない大規模なものです．しかしこれで局数や分布は十分なのか，その維持に必要な要員は確保されているのか，今後計測精度を陸上なみに近づけるための技術的課題をどう解決していくのか，など問題は山積みです．それでも，新たな海底局で継続的な観測することが，重要な新しい情報を与えてくれることは間違いありません．日本は四方を海に囲まれ，プレートの境界はほとんど海底にあるのです．海底地殻変動研究は，日本が大きな力を注いで世界をリードしてゆくべき研究分野の一つであるといえるでしょう．

第6章

GNSSによる高密度な観測と日本列島の動き

4章ではプレートの動きについて概観しました．本来プレートは剛体的にふるまう（変形しない）ものとして提唱された概念ですが，境界付近ではプレート同士が力を及ぼし合って変形します（地殻変動が起こる）．その詳細を知るには時間的・空間的に高密度な観測が必要です．これは5章で述べた，地上局が安価かつ小型で小回りの利くGPS（GNSS）の出現で実現されました．ここでは，世界中に展開されたGNSS観測局で測定されたプレート運動を最初に示し，プレートの沈み込み帯である日本列島ではどのような地殻変動が起こっており，それらがGNSSでどう見えるのかを説明します．また，5章の最後で紹介した海底測地技術の最新の成果についても紹介します．

GNSSで測ったプレートの動き

現在ではGNSSの連続観測局は世界中に展開されていて，プレートの動きが日々測られています．それらの中から，太平洋プレート上にあるハワイのGNSS局の動きを図6.1に示します．毎日測られた20年分の位置とその変化から，日々の位置がmmの精度で，またその変化率であるプレート運動の速度が1 mm/年より高い精度で測られていることが見て取れます．またその速度が20年の間変化しておらず，極めて安定していることもわかります．2年間のVLBIの結果を基に1987年に描かれた図4.4を図6.1と比べてみると，30年の時の流れと技術の進歩が実感できるでしょう．まさに80年代に夢見た未来に今私たちはいるのです．

また様々なプレート上に置かれた多くのGNSS連続観測局の動きを図6.2に矢印で示します．地球表面上の多くの地点でその動きが日々観測されていることがわかります．4章で，地質学的な情報（海嶺のまわりの地磁気異常の縞模様の幅など）を用いて，1980年代までに地球表面全体のプレート運動が，過去数百万年の平均的な運動としてモデル化されたことを述べました．今では，これらのGNSS観測局の動きの実測値だけから，過去十数年の平均的な（地質学的には一瞬の）プレート運動モデルも作られるようになってきました．

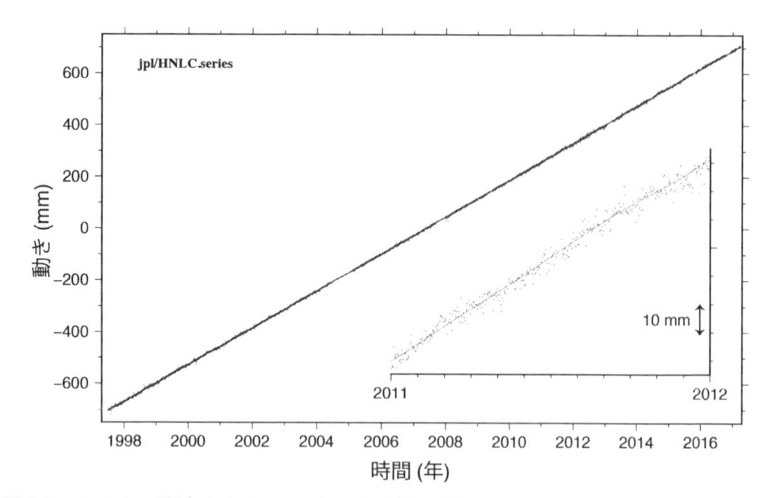

図 6.1　GNSS で測定された 1998 年から現在に至るハワイ・ホノルル局の動き（プレートの動く方向である北から西 61°の方位の動き）．データは NASA/ ジェット推進研究所のウェブよりダウンロードした（http://sideshow.jpl.nasa.gov/post/series.html）．1 日毎のデータが小さな丸で示されているが，誤差が数 mm と小さいため連続した線のように見える．右下に 2011 年 1 年間の分を拡大してしめす

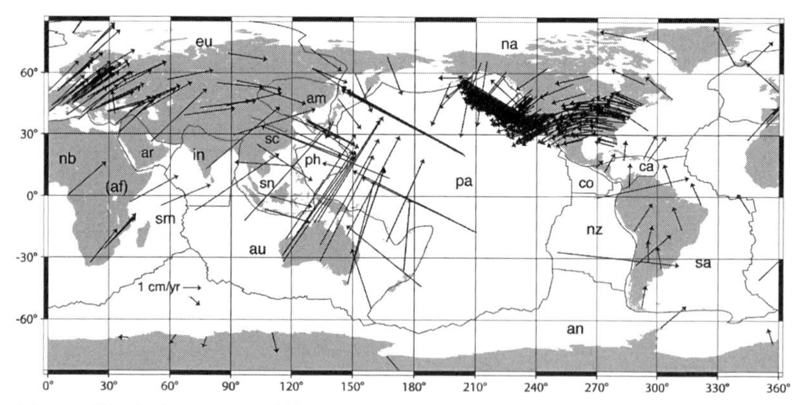

図 6.2　世界各地の GNSS 連続観測局の動きとプレート．プレートの略号は次のとおり，af：アフリカ，am：アムール，an：南極，ar：アラビア，au：オーストラリア，ca：カリブ，co：ココス，eu：ユーラシア，in：インド，na：北アメリカ，nb：ヌビア，nz：ナスカ，pa：太平洋，ph：フィリピン海，sa：南アメリカ，sc：南中国，sm：ソマリア，sn：スンダランド．GNSS 局の速度データは JPL の M. Heflin 博士による

日本列島の変形

プレートは全体として剛体的かつ連続的に動きますが，それらの境界ではプレートはなめらかに動くことは少なく，普段は動かずに時々まとめて動く（間欠的に動く）ことが多いようです．プレート収束境界では，図 1.2 のように海溝から海洋プレートが沈み込み，陸側に島弧ができます．日本列島は典型的な島弧です．海溝から陸に向かって傾き下がる海洋プレートの上面と陸側プレートの境界面は，しばしばすべりが悪くて固着します．境界が固着していても海洋プレートは構わずに押し寄せてきますから，島弧には日々ひずみが溜まっていきます．溜まった弾性ひずみはプレート境界で発生する地震と共に解放されます．押されて縮んだばね（島弧）が，手を離す（地震で断層がすべる）と元に戻るのです．

図 6.1 で見たような境界からはなれたハワイのような地点で見たプレート運動と違って，プレート境界では数十キロ離れると地殻変動の様子がまったく異なります（近接した二点の動きが異なることが，ひずみが溜まることに他なりません）．そのため，このような地殻変動を把握するためには，地上局を高密度で並べて，それらの動きの違いからひずみの溜まる様子を観測する必要があります．地上局が小型で安価な GNSS は，1990 年代半ばから急速に普及しました．日本列島を始めとする世界の様々なプレート境界の周辺で，様々な GNSS 観測網が運用され，日々の地殻変動が観測されています．

図 5.6 のように，日本列島では国土地理院が千点を超える GNSS 局（電子基準点）から成る GEONET を日本列島に展開して運用しています．日本海溝では太平洋プレートが東日本の下に年間およそ 8 cm の速さで沈み込んでおり，そこでは冷たく硬いプレート同士が接触しており，地震の原因である固着も起こっています．図 6.3 は GNSS で見た東日本のひずみの蓄積を，地表の動きを示す矢印で表したものです．日本海側と太平洋側の局の動きが違うことが一目でわかります．日本海側の局があまり動いてないのに対して，太平洋岸の局は日々西向きに動いているのです．これは，日本列島が毎年 2 ～ 3 cm ずつ東西に縮みつつあることを意味し，「地震間地殻変動」と呼ばれます．図 6.3 には示していませ

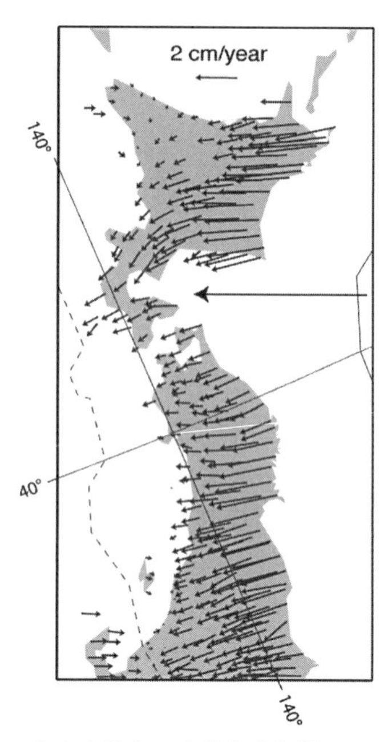

図 6.3　北アメリカプレートから見た，東北と北海道の GNSS 観測局の動き（地震間地殻変動）を示す矢印．太平洋プレートの運動方向がちょうど左向きになるように地図を傾けてある．日本列島は日本海溝で沈み込む太平洋プレートによって西に押し付けられ，その幅が毎年数センチずつ縮む．数十年から数百年に 1 回プレート境界面を断層とした海溝型地震が発生し，太平洋岸は海に向かってせり出し，溜まった縮み（短縮ひずみ）が元に戻る（図 6.4）

んが，海上保安庁が宮城沖や福島沖に設置した海底測地基準点も，陸上の点と同じように西向きに動いていることが観測からわかっています．特に宮城沖の点は年間 5 cm を超える大きな動きを示します．

日本列島の幅が 200 km くらいですから，このまま短縮が 1000 万年続くと日本列島が無くなってしまいそうです．しかし実際には，ある程度ひずみが溜まった時点でプレート境界面がすべって地震が起こり，溜まったひずみのかなりの部分は解消されます．この時に生じる地面の変形が「地震時地殻変動」です．地震間地殻変動が何十年から何百年もかけてゆっくり起こるのに対して，地震時変動はせいぜい数分で終わります．日本列島は普段はゆっくり縮んで（日常），それが地震で一瞬にし

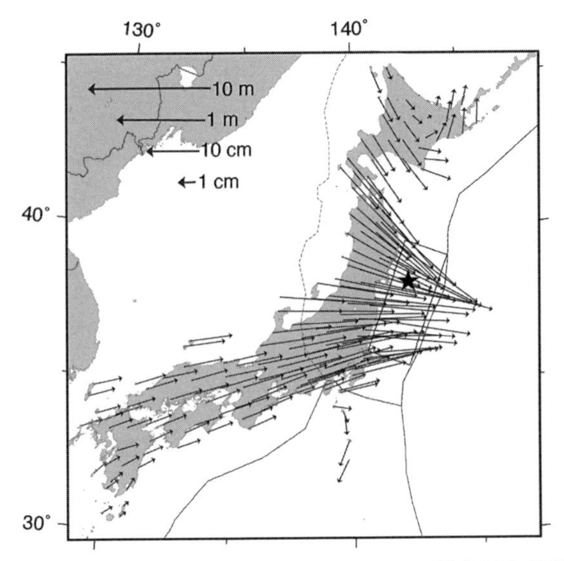

図 6.4　2011 年の東北地方太平洋沖地震の断層すべりに伴う日本列島の変形を，GNSS 観測局の動きを示す矢印で表したもの．図 6.3 のように，太平洋プレートの運動によって溜まったひずみのかなりの部分はこの動きによって解放されたと考えられる．星印は震源，断層の大まかな輪郭を四角形で示す

て元に戻る（非日常）ことを繰り返してきました．

プレート境界がすべって発生するのが海溝型地震で，今世紀では 2003 年の十勝沖地震や 2011 年の東北地方太平洋沖地震がこれに相当します．海溝型地震は海底で発生するためしばしば大きな津波を伴います．一方押された日本列島の比較的浅い断層で小さな破壊が起こるのが内陸地震で，1995 年の兵庫県南部地震や 2016 年の熊本地震はこれに当たります．地震の規模は海溝型地震に比べると小さいですが，直下で起こるためにしばしば地震動による建物被害が大きくなります．

地震発生時の断層すべりの様子（どういう断層がいつどの方向にどれだけすべったか）は，様々な地点での地面の揺れ方（地震計の記録）から推定できます．また，地震時地殻変動は断層運動が広範囲におよぼす恒久的な地面の変形ですから，それらを GNSS 網で観測することによって，断層の情報をより正確に求められるようになりました．図 6.4 は

2011年東北地方太平洋沖地震の地震時地殻変動です.

余効すべりとゆっくり地震

GNSS連続観測網がなかったらまだ発見されてないかも知れない重要な現象がいくつかあります. その一つが地震動を伴わない（地震計では測れない）ゆっくり地震（スロー地震）です. 最初の観測例は, 1994年12月28日の夜に岩手県の久慈沖で発生したM_w7.6の三陸はるか沖地震の直後に現れました（M_wはモーメントマグニチュードで, 断層すべりによるエネルギーの解放量に基づく地震の規模）. この地震は典型的なプレート間地震で, 青森県八戸市を中心に地震のゆれが被害をもたらしました. しかし地面の動きで見ると, この地震には長い「続き」がありました.

プレート間地震で断層がすべると, 地震時地殻変動によって島弧の陸地は海溝に向けてせり出します. 断層の動きは大きな地震でも数分で終わります. ところが, GEONETのデータを解析すると, 海溝へ向けた（東向きの）動きが地震後何か月も続いていたことがわかりました（Heki *et al.*, 1987）（図6.5）. これは地震とともに起こった断層の速いすべりが終わった後も, 断層が同じ向きにゆっくりすべり続けていたことを意味します（図6.6）. 大きな地震の後には数多くの余震が起こり, それに伴う小さな地震時地殻変動が積み重なって, 陸地も海溝に向けて少しは動きます. しかし実際の動きは, 余震の積み重ねとは桁違いに大きなもので, 地震を伴わないゆっくりすべりの累積量は本震のすべりに匹敵しました. 本震なみの大きさの地震が, 地面を揺らさずに何か月もかけて静かに起こったのです.

三陸沖のプレート境界ではしばしば大きなプレート間地震が発生しますが, それらの断層すべりを積算しても, プレートが沈み込む速度に比べて小さすぎることが以前から指摘されていました. 天文学では, あるはずなのに見えない物質（ダークマター）がしばしば話題になります. 地震学でも, 起こっているはずなのに見えない（聞こえない？）地震の存在が予測されていたわけです. 三陸はるか沖地震の後におこった静か

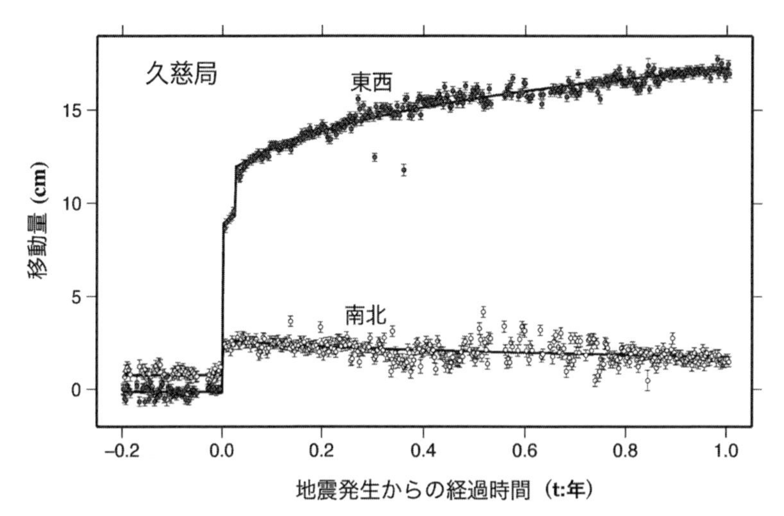

図 6.5　岩手県久慈市の GNSS 点の 1994 年三陸はるか沖地震前後の水平方向の動きが継続することから発見されたゆっくり地震．地震時（t=0）の急激な動きとともに，その後（横軸 t=0 ～ 1）のゆっくりした動きが見える

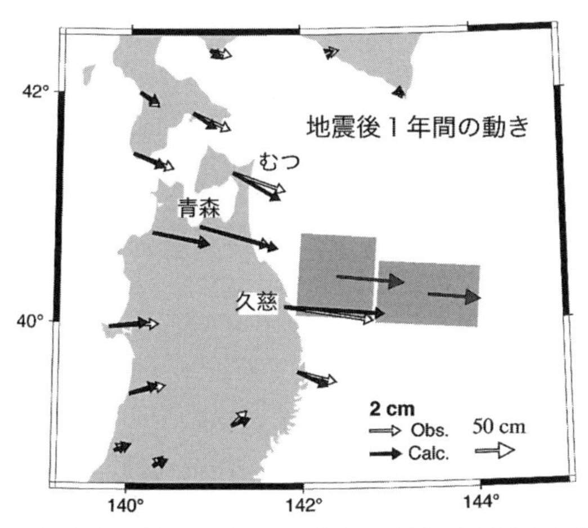

図 6.6　1996 年三陸はるか沖地震が終わってから一年間に観測された東北北部と北海道南部の GNSS 点の累積した動き（Obs. と書かれた矢印）と，それをもっとも良く説明する断層すべりのモデル．Calc. と書かれた矢印は薄いねずみ色の四角形で表された断層における濃いねずみ色の矢印で示すすべりがあったと仮定した時の，計算された動き

な断層すべりは，地震計で観測できない（地面を揺らさない）ゆっくりした断層運動が，地震の不足分をある程度解消していることを示しました．

ゆっくりした断層すべりが生じる原因は，断層面の性質にあります．固体同士が滑る時に生じる摩擦には，静摩擦と動摩擦があります．じっとしているときの摩擦が前者で，後者はすべっているときの摩擦です．大雑把にいうと，動摩擦の方が静摩擦より小さいと，動き出した断層はひずみがなくなるまで（断層を滑らせる力が尽きるまで）止まりません．逆に動摩擦の方が大きい場合は，断層が動き出すとともにブレーキがかかるため，ゆっくりした速度を保ちながら時間をかけてすべります．三陸はるか沖地震のように普通の地震の後に続いて起こるゆっくりすべりは，余効すべり（アフタースリップ）と呼ばれます．一方，普通の地震を伴わず，最初から最後までゆっくりすべりに終始する，もはや地震と呼び難い断層すべりもあります．それらはスロースリップイベント（ゆっくり滑り事象）と呼ばれます．これらの現象はその後世界中で多く見つかり，地震計だけでは見えない地震のもう一つの顔として知られるようになりました．

キネマティック GNSS で見た東北地方太平洋沖地震直前直後の地表の動き

GNSS による通常の測位解は 1 日単位で求められますが，キネマティック解析によって 30 秒ごとの位置変化を求めると，地震に伴う地表の動きが手に取るようにわかります．図 6.7 は，2011 年 3 月 11 日の東北地方太平洋沖地震（発生時刻：14:46 JST, 05:46 UT）の直前から直後にかけての岩手県沿岸の宮古，岩泉，久慈の三つの GEONET 局の東向きの動きです．宮古では，1.5 m に達する本震に伴う東向きの急激な動きがあったことがわかります．その約 20 分後には岩手県沖で M_w7.4 の余震が起こりましたが，それに伴う数 cm のジャンプも確認できます．また 7:30 UT, 8:20 UT, 8:50 UT 頃に 3 つの点がほぼ同時に振動するのが確認できます．これは本震で発生した地震波（表面波）が 2 ～ 3 時間かけて地球を一周し，震源近くの GEONET 点を再び揺らしたもので，それ

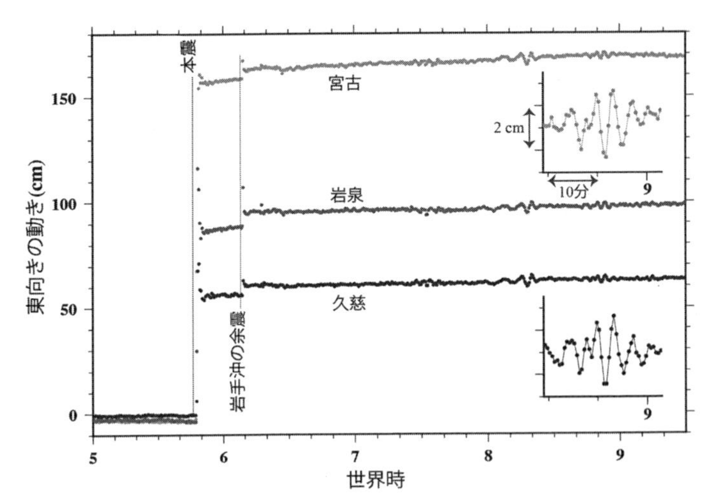

図 6.7　岩手県沿岸部にある 3 つの GEONET 点における，2011 年東北地方太平洋沖地震前後四時間半の東向きの動き．キネマティック解析によって 30 秒ごとの位置が推定されている．横軸は世界時で 9 時間を足すと日本標準時となる．5:46 の本震（M9.0）と 6:08 に岩手沖で発生した余震（M7.4）の地震時地殻変動がステップ状の変化として見えている．また 8:20 頃と 8:50 頃の地面の揺れは，それぞれ地球を一周して帰ってきた表面波（ラブ波とレーリー波）によるもの．宮古と久慈におけるレーリー波の拡大図も示す

ぞれレーリー波（高次成分），ラブ波，レーリー波（基本波成分）に対応しています．図には地震直前の数十分間のデータも含まれていますが，直前の前兆のような変わった動きは見えていません．

大きな地震のあとは地球自由振動が励起されます．突かれた鐘がしばらくの間鳴り続けるのと同じ現象です．地球や鐘に限らず，ものを叩くとその物体固有の周期を持つ自由振動が起こるのです．鐘の音には一番低い音に様々な倍音（高調波）が混ざって，鐘の個性となる音色を作り出しています．地球の自由振動でも，1 時間近い周期の成分をはじめとして，数分から数十分の様々な周期の成分が混じっています（ゆっくりした振動なので，耳には聞こえない）．地球の自由振動は，重力計，トンネルに設置したひずみ計や傾斜計，広帯域地震計などで観測されてきましたが，2011 年東北地方太平洋沖地震の直後には初めて GNSS 局の上下や水平の周期的な動きとしても検出されました．

東北地方太平洋沖地震による海底地殻変動

2011年東北地方太平洋沖地震は，主に津波被害から成る東日本大震災と，それに付随する原発事故を含む未曾有の自然災害をもたらしました．図6.4でその断層を矩形で表していますが，断層の東西は日本海溝から東北地方の太平洋岸まで達しており，200 kmを超えています．また断層の南北も，青森県から茨城県におよぶ約500 kmの範囲にわたりました．この巨大な断層が数十mもずれた結果，M_w9.0という日本の歴史上最大の地震の一つになったのです．この地震に伴って，震源に近い宮城県の牡鹿半島のGNSS局は5 mほど太平洋に向かってせり出しました（図6.4）．

断層の真上にある海底はさらに大きく動いたと思われますが，それは5章で説明したGNSS/Aによる海底測位法を用いて実際に計測されました．海上保安庁と東北大学が海底に設置した基準点の動きを図6.8に示してあります．海溝軸から日本列島に向って50 km，80 km，100 km，220 kmの距離にある4つの海底基準点は，それぞれ日本海溝の方に向かって（東向きに）およそ31 m，24 m，15 m，5.3 mも水平移動しました．これらの点は地震間地殻変動でも陸上より速い西向きの動きを示していました．地震間の動きが大きい分，地震時の反対向きの動きも大きいのです．これらの結果は，この地震による断層すべりの分布を求めるのに重要な役割を果たしました．また単独の地震で10 mを超える大きな動きを捉えた初めての観測でした．

南海トラフ付近の地殻ひずみの分布を明らかにする海底測位

西日本の太平洋沖合に位置する南海トラフでは，フィリピン海プレートが西日本の地下に年間6 cmほどの速さで沈み込んでいます．前回の海溝型地震である東南海・南海道地震から約70年の時を経て，南海トラフでは再び巨大地震の発生が懸念されています．プレート境界面を断層とする大地震が発生するかどうかは，接触面の固着の強さによります．固着がなければ（すべりが良ければ）プレートは地震も起こさずに滑らかに沈み込みます．すべりが悪ければ（境界面が固着していれば），プ

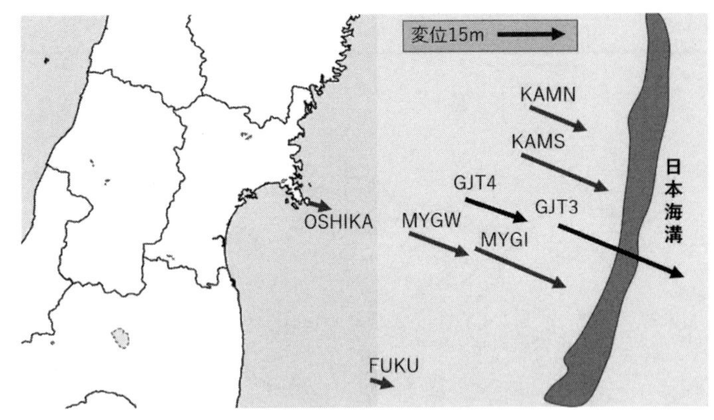

図 6.8　東北地方太平洋沖地震に伴う海底地殻変動（Kido *et al.*2011 と Sato *et al.*2011 の測定結果をまとめたもの：文部省研究開発局，東北大学，名古屋大学，海底地殻変動観測技術の高度化，資料　計 55-（4））

レートが自由に沈み込めない分のひずみが周囲に溜まってゆきます．南海トラフのプレート境界断層がどれくらいの範囲でどれくらい強く固着しているかは，GNSS を用いた地震間地殻変動から推測できます．南海トラフのプレート境界が固着すると，陸側がフィリピン海プレートの運動方向である西北の方向に動きます．その大きさや分布から固着の状況を推定するのです．

ところが，GEONET による地上観測だけでは，陸から遠い南海トラフに近い部分の固着の度合いがよくわかりません．東日本太平洋沖地震では，海溝に近い部分が大きく動いて大津波が生じました．南海トラフでも，トラフに近い部分が固着しているか（次の地震でその部分が大きく動くか）は災害の対策を考える上で大きな問題です．これに答えるには，海底の地殻変動の観測が欠かせません．

南海トラフに近い海底では，海上保安庁や名古屋大学によって海底の基準点が 15 か所ほど設置されており，初期に設置された基準点では十年を超えるデータの蓄積があります．それらの動きを基に，フィリピン海プレートがどこで固着しているかを示す分布図が海上保安庁から 2016 年 5 月に公表されました（図 6.9）．海溝近くの浅い部分でもフィ

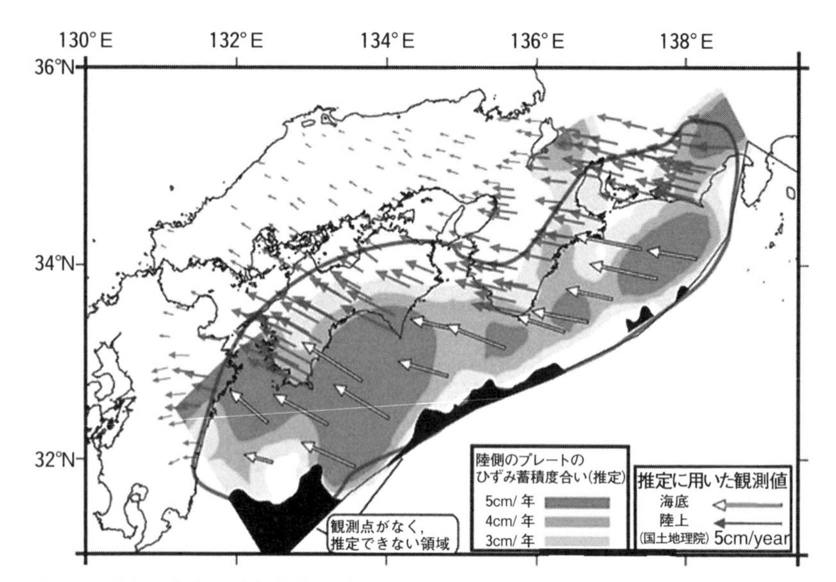

図 6.9　陸上と海底の地殻変動のデータを総合して推定した，南海トラフにおけるプレートのカップリングの強さ（図ではひずみ蓄積度合いと書かれています）．出典：海上保安庁
（http://www.kaiho.mlit.go.jp/info/kouhou/h28/k20160524/k160524-1.pdf）

リピン海プレート本体の動きに近い動きを示している領域があり，その下のプレート境界には強い固着があることがわかります．一般に地震間の動きが大きいところでは地震時の動きも大きいため，来るべき地震ではこの部分の海底の隆起が励起する津波を想定する必要があります．

第7章
基準座標系と地球回転変動

これまで宇宙測地技術による地上局の測位を中心に，その方法と成果をながめてきました．この章では3章と5章で説明した内容を掘り下げて，人工衛星や電波源を地表から観測する際に避けて通れない地球の自転とその変化を取り上げ，測距や遅延からどのようにしてそれらを推定するのか，基準座標系とは何かについて述べます．宇宙測地技術によって観測される地球回転変動の一つである自転の速さ（1日の長さ）の変動は，うるう秒を通じて私たちの生活にも関係しています．

天体基準座標系と地球基準座標系

学校の数学ではX, Y, Zの3つの直交する軸からなる座標系を仮定し，空間の任意の点の位置をそれらの座標の値を用いて（1, 2, 3）のように表現しました．VLBIでは，数億光年以上も遠くの準星や活動銀河から数百個の基準電波源を選び，それらの座標から成る天体基準座標系（ICRF）を用います．電波源までの距離は無限遠とするため，X, Y, Z座標ではなく，地球の緯度と経度に相当する天球上の2つの座標（角度）でその位置を定義します（図7.1）．天体基準座標系を構成する電波源ははるかに遠くにあるため，それらの座標は数万光年離れた天の川銀河の端まで行ってもほとんど変わりません．広い宇宙での天体の位置や動きを表したり，そこに浮かぶ地球の姿勢を決めたりするのに，このような基準座標系が必要になります．ちなみに天の川銀河の中にも電波を出す天体はありますが，銀河回転に伴って動くため，基準としては適切でないのです．

一方，人工衛星や電波源を観測する地球上の観測局は地球基準座標系（ITRF）を構成します（図7.2）．X, Y, Zの値で記述される地表観測局の位置は，VLBI/SLR/GNSS等の宇宙測地技術で測定して決められます．それらの位置はプレート運動や地殻変動によってゆっくり動きますので，位置の変化率（速度）も基準座標系の一部となります．位置のわからない観測局の座標は，ITRFを構成する主要な観測局の位置を基に決められます．地上と天体のふたつの基準座標系を結びつけるのが地球回転パラメータです．つまり，ぐるぐる自転する地球の上に立った人が人工衛

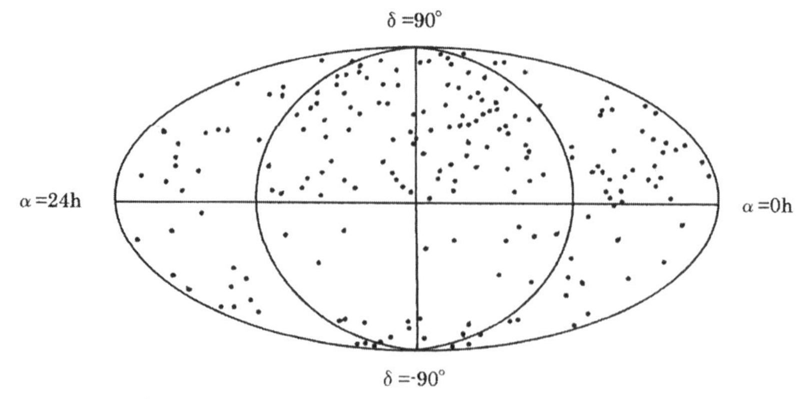

図 7.1　天体基準座標系
国際地球回転基準座標系サービス（IERS）は天体の位置基準として 212 個の電波源（図中の点）を選び, 天体基準座標系（ICRF）を定義している（http://hpiers.obspm.fr/icrs-pc）. 横方向は天球上の経度（赤経）, 縦方向は緯度（赤緯）で, 南天の電波源の数がやや少ないことがわかる

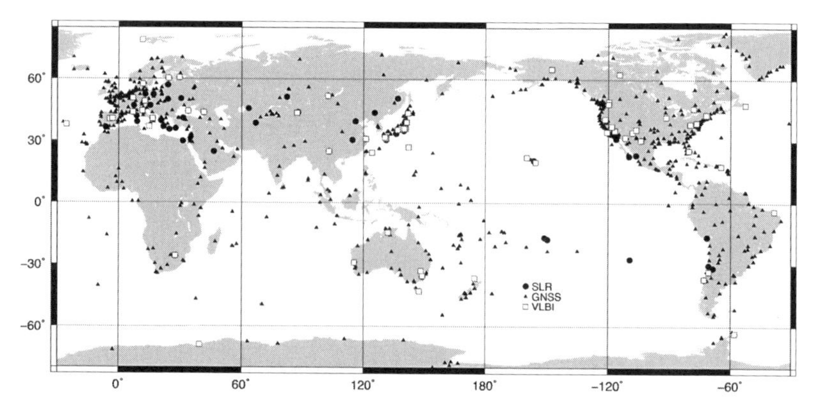

図 7.2　地球基準座標系を, ITRF2014（http://itrf.ign.fr/ITRF_solutions/2014/）から, SLR/VLBI/GNSS にわけてその分布を示したもの

星や電波源を見た時に, その方向がどう変わるかは, これらのパラメータの数値から知ることができます.

人工衛星の軌道

VLBIでは観測する電波源の位置は天体基準座標系で与えられましたが，SLRやGNSSで観測する人工衛星の位置は軌道計算から求められます．地球の周りを，地球に比べてはるかに軽い人工衛星は，地球の重力によって，ある平面（軌道面）上に楕円を描いて運動することが知られています．衛星に働く力は地球の重心に向いた引力（重力の球対称成分）が圧倒的に大きいのですが，それ以外の様々な力が色々な方向から働き，軌道面もほんの少しですが変化し，楕円軌道から少しずれて複雑に動きます．

それらの中でもっとも重要なのが，地球重力の非球対称成分（地形の凸凹や地下の岩石の密度の不均一によって生じる，重力の場所によるわずかな違い）です．地球の赤道部分の出っ張りによる軌道の変化はSLRのところでも述べました．また地球以外に月や太陽や他惑星が衛星に及ぼす引力も重要です．さらに固体地球潮汐（地球自体が潮汐力で変形すること）や海洋潮汐（海の満ち引き）によって，これらの非球対称成分には周期的な変化も加わります．重力以外の効果では，大気抵抗（超高層の地球大気による摩擦抵抗），太陽輻射圧（太陽光が人工衛星を押す），地球照射圧（地球からの放射光が人工衛星を押す）などが衛星の軌道を乱します．軌道はこれらをすべて考慮して計算されるので，計算ソフトウェアはとても大きなものになります．天体基準座標系が一度電波源の位置を決めてしまえばずっと使えるのに対し，衛星の軌道には不確定要素が大きいため，頻繁に決めなおす必要があります．

二つの基準座標系をつなぐ地球回転パラメータ

人工衛星も電波源も地表の局から観測します．そこで，それらの位置を記述する座標系から，座標を何回か回転させて，自転する地球上でそれらがどの方向に見えるかを計算する必要があります．そこで用いる地球回転パラメータ（Earth Orientation Parameter, EOP）が天体基準座標系に対する地球基準座標系の瞬間的な姿勢を表します．地球回転パラメータには3種類あり，その値は時々刻々変わりますが，その変化には速

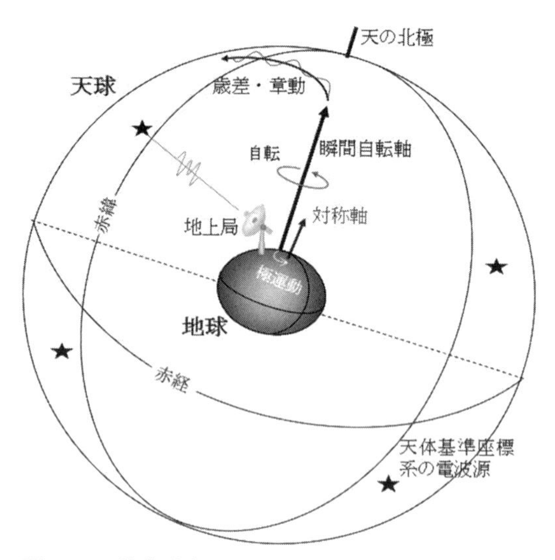

図 7.3　天体基準座標系，地球基準座標系，地球回転とその変動の関係

いものもゆっくりなものもあります．

最初のパラメータは，地球の自転軸の天球における方向を示します．この値は太陽と月の引力による歳差と，これに付随する小さな振幅で様々な周期を持つ章動によってじわじわ変化します．2 番目が地球の自転の位相を表す角度で，24 時間で一周しますので目まぐるしく変わります．3 番目は地球の自転軸の地球における位置で，平均的な極（形状軸）からのずれで表します．この値は極運動によってゆっくりと変化します．

地表から見た電波源の方向を求めるときは次のようにします．まず ICRF にある電波源の位置を第 1 のパラメータを使って現在の天の極に合わせて動かします．次に 2 番目のパラメータを使って，時刻に応じて地球を回転させます．最後に 3 番目のパラメータを用いて地球のその時の極の位置のずれを補正します．あとは，観測を行う電波望遠鏡の位置を ITRF から見つけ出し，その緯度経度から電波源の方位角と地平線からの高さを計算します．そこでようやく望遠鏡をその方向に向けて電波を受信できます（図 7.3）．

最小二乗法による局位置の推定

数mmの誤差で観測局の位置を求めるには，それ以上の位置変化をもたらす現象をすべて考慮しなければなりません．具体的には，地球上の観測局の場所に依存し，時間とともに変化する様々な量を考慮しなければなりません．これらは人工衛星とVLBI観測に共通して影響（必ずしも影響が等しいとは限りません）します．

まず周期的な大地の動きとして，固体地球潮汐と，海洋潮汐に伴う荷重変形（満潮の時は海水の重さで周辺の陸地が沈み，観測局も沈む）があります．振幅は数十cmです．ゆっくりとした一方的な動きとして，プレート運動や地震間地殻変動に伴う地表の動きもあります．実際にはこれを知るために観測することが多いのですが，最初におおまかな数値を与える必要があります．

大地の動き以外では，地球大気による電波や光の遅延や屈折があります．ここで影響するのは対流圏の水蒸気と電離圏の電子です．量でいえば後者の方が大きいのですが，周波数の異なるマイクロ波で遅延が違うことを利用して除去できるので，測位誤差をもたらしやすいのは前者の方です．また天体電波源に対して，地球の公転の影響で見かけの方向が変わる光行差や年周視差もあります．さらに，難解なので説明を省きますが，時刻や距離・遅延への相対論効果も無視できません．このようにして，天体基準座標系を構成する電波源や人工衛星の位置計算に始まり，少しずつ変化する地球基準座標系に基づく地上局の位置を求め，観測した時刻における地球回転パラメータを使って，地上観測局で観測される観測量（SLRやGNSSにおける地上局と衛星の距離やVLBIにおける遅延）の予測値が計算できるのです．

観測局の位置を推定するには，どうすればよいでしょうか．VLBIにおいて，2局を結ぶ基線ベクトルDの三成分をΔX, ΔY, ΔZとし，それらを観測された遅延から求める場合を考えます．まず，遅延の計算値と観測値の差である残差を求めます．実際には1回当たり数分の観測を，1日かけて電波源を切り替えて何回も行うことによって数百個の遅延データを取得します．それらの遅延の残差を二乗して足した値（残差二乗和）を求めます．当然，最初に仮定した基線ベクトルは「ある程度」しか正しくありませんし，観測誤差もありますから，残差はゼロではありません．でも最初の仮定が良いほど残差は小さいことが期待されます．仮定した基線ベクトルのΔX, ΔY, ΔZをそれぞれ少し変化させたときに遅延の計算値がどれだけ変化するか（計算値の偏微分係数）をあらかじめ求めておいて，最終的にΔX, ΔY, ΔZをそれぞれどれだけ修正すれば残差二乗和が一番小さくなるかを一気に計算します．これが（線形）最小二乗法で，科学技術計算で普遍的に用いられます．

SLRの時はVLBIの観測量である遅延の代わりにSLRの観測量である衛星—観測局間の距離を使って，同じ様に最小二乗法で局位置や衛星の軌道要素を推定します．VLBIでも，基線ベクトル以外に，天体の位置や地球回転パラメータを推定することもあります．GNSSにおける相対測位では，複数の衛星と地上局を用いた二重位相差を観測量として使うことが多いですが，同様の計算で局位置などを推定します．

地球回転とその変動

地球の自転によって向きを変える地球基準座標系を，天体基準座標系に関係づけるのが地球回転パラメータで，地表の観測局から宇宙（人工衛星や天体電波源）を観測する際に必須な情報です．地球回転パラメータの観測はVLBIを始めとする宇宙測地技術が担っていますが，地球全体の姿勢を表す量なので，日本国内だけの観測では精度良く求められません．地球回転パラメータの一種である極運動を例に取ると，VLBIが登場する前は光学望遠鏡で観測していました．それも特定の国が行うのではなく，国際測地学協会（IAG）の取り決めの基に，世界の主要観測局が観測に参加し，決められた解析センターで観測データの処理・解析や成果の公表が行われてきました．その枠組みも，明治32年に始まった国際緯度観測事業（ILS），昭和40年にそれが発展した国際極運動観測事業（IPMS）と変わっていきました．それらの事業の本部が日本にあったこともあります（岩手県水沢の緯度観測所，現在は岩手県奥州市の国立天文台水沢キャンパス）．

その後，昭和63年から現在にいたるまで，この事業は国際地球回転・基準系事業（International Earth Rotation and Reference Systems Service, IERS）に引き継がれています．現在はVLBIによる基準天体の電波観測を中心に，SLRやGNSSも加わって地球回転パラメータを決定するとともに，地球回転が結合する天体基準座標系と地球基準座標系の維持・管理もIERSが担っています．例えば，基準天体の電波放射分布（電波源の構造）が変化して，あたかもその位置が移動したように見える場合は，その天体の位置を小修正します．また地上基準座標系を構成する地上局の位置はプレート運動で変わっていくだけでなく，地震が起こると位置が不連続に変わることもあります．IERSはこういった基準座標系全般の調査・検討・修正も行っています．

地球回転パラメータを常時監視する必要があるのは，それらの値が時間とともに変化するからです．地球回転パラメータは2つの基準座標系を結合するという実用的な意義を持っていますが，それらの変動自体が地球物理学の研究対象でもあるのです．

歳差・章動

地球の自転はどういう向きの軸の周りに（自転軸の方向）どれほど速く回っているか（自転速度）で決められます．宇宙空間を自転軸が星に対して動くのが歳差・章動です．4章でも簡単に述べましたが，自転の遠心力で地球の赤道部分は30 kmほど外側に張り出しています（赤道バルジ）．また地球の自転軸は公転面（黄道面）から約23.5°傾いています．月と太陽の潮汐力（月や太陽の方向とその反対の方向に地球を引き伸ばす力）が，傾いた地球の赤道バルジに作用すると，傾いた地球をまっすぐに戻そうとするトルク（偶力）が生じます．それによって地球の角運動量の向きがゆっくり変わる運動が歳差です．歳差によって地球の自転軸は，23.5°の傾きを保ったまま2万年あまりで天球を一周します．力学的には，傾いて回るコマの回転軸がぐるぐると回るのと似た現象です（違うのは，傾いたコマに働く重力はコマをさらに倒そうとする点）．現在自転軸の延長上には北極星（こぐま座α星）がありますが，歳差のせいで北極星は次々に入れ替わってゆきます．ちなみに歳差が半周する頃には，こと座のベガ（織姫星）が北極星になります．

歳差をもたらす月や太陽の潮汐力トルクは時間とともに変動します．例えば，月や太陽の方向と地球の自転軸の傾きの方向の関係で，トルクは半月または半年周期で変化します．また月や太陽と地球の距離が1か月や1年周期で変わることによって潮汐力も周期的に変わり，それに従ってトルクも変わります．これらの周期的なトルク変動のため，歳差に加えて自転軸の向きは様々な周期で小さく振動します．これらを総称して章動と呼びます（図7.3）．紀元前二世紀に歳差を発見したのは古代ギリシアのヒッパルコスですが，最大の振幅を持つ18.6年周期の章動が発見されたのは18世紀のことでした．次に述べる極運動に比べると物理学的なメカニズムが明解で，比較的良く理解されている現象といえるでしょう．

極運動

自転軸が星に対して動くのではなく，地球に対して動く現象が極運動です．天の極が変わる歳差・章動と異なり，地球の自転軸と地球の表面とが交わる点（地球の北極と南極）が地表を移動します．極運動は天体観測で求められる緯度の変化を伴います（北極星の地平線からの高さが変わる）．様々な経度を持つ観測局での緯度変化を比べると，極がどっちにどれだけ移動したかがわかります．ILSによって世界中に展開された「緯度観測所」によって極運動が決められていましたが，明治32年（1899年）からは岩手県に設置された水沢緯度観測所が観測の重要な一翼を担ってきました．

図7.4は極運動の最近7年間の変化を示しています．下向きがグリニッジ方向（x），左向きが西経90°方向の成分（y）です．およそ14か月の周期で円を描いていますが，これはチャンドラー極運動と呼ばれています．この周期は地球固有のもので，赤道バルジの大きさ（力学的扁平率）と自転周期によって決まっています．単位は秒角（1秒角は1°の3600分の1）なので，地表で見た極の位置の動く範囲は数mから10m

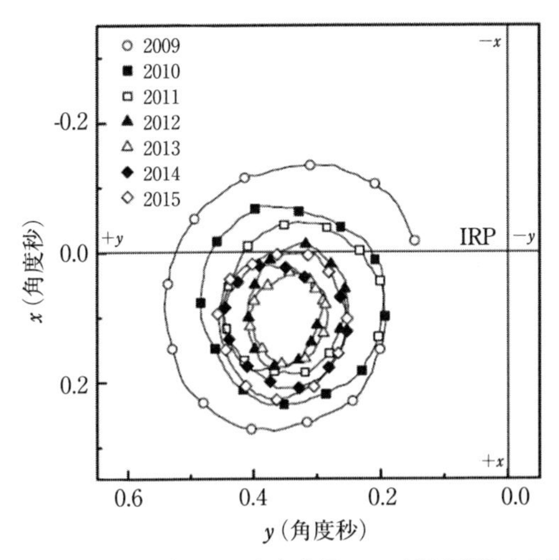

図 7.4　2009-2015 年の極運動（国立天文台水沢 VLBI 観測所保時室提供）．x 軸は経度 0° の，また y 軸は西経 90° の方向の極運動．極は 14 か月のチャンドラー周期で円弧を描く

程度（テニスコートの中に収まるぐらい）です．地球の半径から見るとごくわずかですが，例えば遠方を飛翔する惑星探査機を地上局から追跡する際には，必ず考慮しなければならない重要な量です．

極運動は章動のような強制振動ではなく，主に大気や海洋などが地球の表層を流れることによって励起される自由振動です．歳差・章動と違って，われわれはまだ極運動を正確に予測することはできません．従って，様々な宇宙測地観測では IERS から発表される極運動の予測値を使い，必要に応じて後日観測に基づいて決められた最終値を用いて再解析します．極運動には 14 か月周期のチャンドラー運動だけでなく，固体地球の中でおこるゆっくりした質量移動（プレート運動や氷床の後退に伴う隆起など）による，何百万年という時間スケールでの極運動もあります．例えば南極大陸は中生代には暖かかった（低緯度地域にあった）という話がありますが，その原因は南極プレートの移動と極運動の双方にあります．

地球の自転の速さと1日の長さの変化

1日の長さは24時間で，秒に直すと8万6400秒です．20世紀の中頃まで1秒は地球が一回自転する時間の8万6400分の1として定義されていました．地球の自転はかなり正確に時を刻む優秀な「時計」ですが，原子時計の精度がそれを追い越した1960年代から，地球の自転速度がそれほど安定ではないことが分かってきました．その結果，現在の秒の定義はセシウム原子の放射する電磁波の周期に基づくものに取ってかわられました．

原子時計を基準にすると地球の自転速度のわずかな変動を測ることができます．それらの原因はさまざまです．1年以下の比較的短い時間スケールでは，地球の上空を東西に流れる風を全世界で足し合わせた量（大気角運動量と呼ばれる）と，地球の自転速度が反対の変動をしている（負の相関を示す）ことが知られています（自転が速いと1日が短くなるので，大気角運動量と1日の長さは正の相関を示す）．これは大気角運動量と固体地球の角運動量（回転運動の勢い）の和が，全体で一定になるという法則（角運動量保存則）によるものです．より長い時間スケールでは，約6年周期や，10年程度の周期の自転速度変動が知られていますが，その原因は良くわかっていません．また月による海洋潮汐が地球の自転にブレーキをかけるため，何十億年という時間スケールでゆっくりと自転が減速する（1日が長くなる）ことも知られています（後に述べる最近数十年の間自転が減速しているのは，これとは別のもっと短い時間スケールの現象です）．

図7.5は，原子時に基づく1日の長さ（原子時計の1秒の8万6400倍）と，天体電波源のVLBI観測で測った地球が自転にかかった実際の時間との差を示します．例年同じような季節変化を繰り返しており，地球の自転に要する1日は，原子時の1日より1ミリ秒（千分の一秒）程度長くなったり短くなったりすることが分かります．実際には季節変化に加えて一方的に累積する変化もあり，積算していくと原子時に基づく時刻と，太陽の高さに基づく時刻（地球の自転に基づく時刻）が次第にずれて行きます．極端な話，放置しておくと，（原子時計の）夕方が

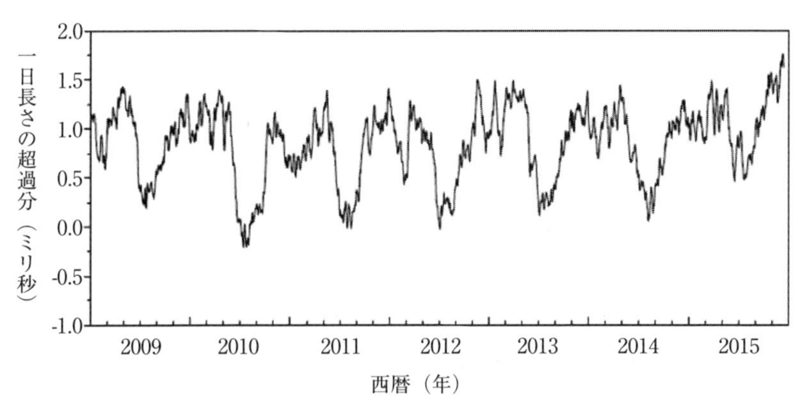

図 7.5　IERS から発表されている 2009 〜 2015 年の間の 1 日の長さの変化（国立天文台水沢 VLBI 観測所保時室提供）

（太陽がもっとも高い）正午になりかねないのです．

協定世界時と「うるう秒」

地球自転に基づく 1 日の長さが原子時の 1 日と異なっていると，地球自転に基づく時刻（UT1）と原子時から作られる時刻である国際原子時：(TAI) との矛盾がだんだん大きくなります．そこで，UT1 からの差が ± 0.9 秒の範囲を超えないように TAI を 1 秒刻みで調整し，これを協定世界時（UTC）として使います（私たちが普段使っている中央標準時や日本標準時は UTC に 9 時間加えた時刻）．実際の調整は 12 月か 6 月末日（第一優先）の最終秒を入れるか抜く，つまり 12 月の場合は 31 日 23 時 59 分 59 秒の後に 60 秒を入れるか（通常 59 秒の次は 1 月 1 日 00 時 00 分 00 秒です）または 59 秒を抜くことによって行われます．調整の時期は前述の IERS の中央局が決定しており，その結果に基づいて大晦日の 1 日が 1 秒長くなったり短くなったりするわけです．図 7.6 は地球の自転に基づく時刻（UT1），私たちが普段使っている協定世界時（UTC）および時間間隔が不変と考えられる国際原子時（TAI）の 3 つの関係を示しています．協定世界時（UTC）が階段状に変化しているのは，IERS の観測結果に基づいて，うるう秒（leap second）が加え

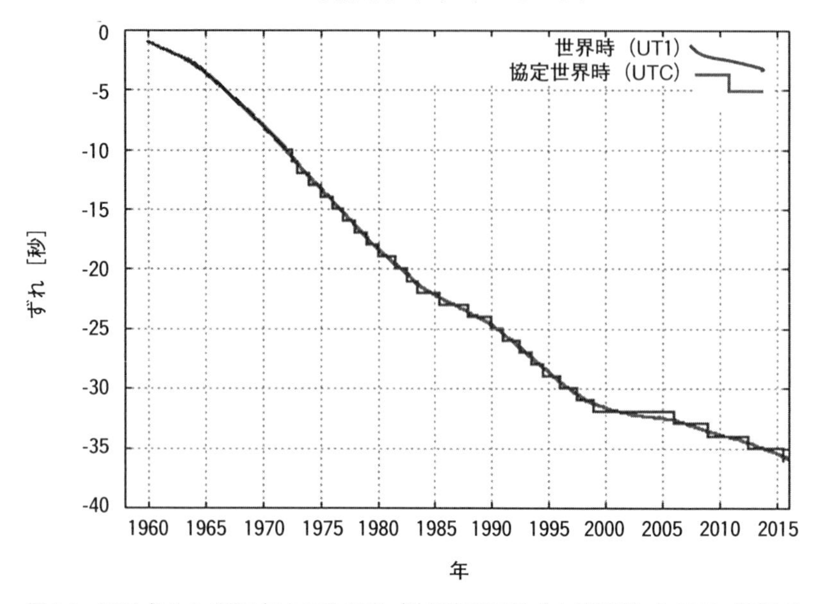

図 7.6　1960 年から 2015 年までの UT1（地球自転に基づく世界時）と UTC（原子時の時刻を整数秒ずらしてなるべく UT1 に合わせたもの）の，TAI（原子時計に基づく世界時）との差（国立天文台天文情報センター暦計算室提供）

られていることを示しています．

うるう秒は地球自転速度のきまぐれによって，入ったり入らなかったりします（もっとも，最近 50 年ほどは地球の自転は遅くなる一方で，うるう秒が加わることはあっても 1 秒を「抜く」ことは行われていません）．このことは，正確な時刻管理が必要な業務に様々な面倒をもたらします．先ほど述べたように「夕方が正午になる」には原子時計と地球自転の差を何万年も放置する必要があります．逆にいうと，うるう秒を入れなくても，数百年程度であればそれほど困らないと考えられます．そのため，うるう秒については今後廃止に向かうのか継続するかを巡って国際的な議論が高まっています．

第8章

宇宙測地技術の将来

GPSから複数GNSSへ

米国が整備した衛星測位システムであるGPSは，既に私たちの生活と深く関わるようになりました．国民生活に欠かせない社会基盤として，米国以外の多くの国や地域で独自の全地球航法衛星測位システム（GNSS）を整備する計画が続々と進められています．様々なGNSSが整備されつつある状況の中で，複数のGNSSを併用して精度や利便性を向上させようとする動きが主流になってきました．表8.1は様々なGNSSの一覧を示しています．

日本の衛星測位システムQZSS（準天頂衛星システムQuasi-zenith Satellite System）について少し説明しましょう．わが国では既に米国のGPSが広く利用されています．5章で述べましたが，単独測位には4個以上の衛星を同時に受信しなければなりません．しかし，山間や高層ビルが立ち並ぶ市街地では，低仰角の衛星からの電波が山や建物に遮られます．その場合十分な数の衛星が受信できないことがしばしば起こり，測位精度が著しく悪化します．天頂に近い方向に常時見える衛星があると，このような問題は起こりにくくなります．QZSSは，日本で仰角（衛星の方向が水平面となす角度）70°以上の衛星が常に1個以上見えるようにして，それをGPSと併用して市街地や山間で測位精度が落ちないようにするものです．

日本の真上に留まる静止衛星を打ち上げられればいいのですが，静止軌道は赤道の真上にしかありません．静止衛星は日本のような中緯度の国からも静止して見えるのですが，赤道上空の決まった高度にあるため東京では仰角55°より高くできません．そこで，1日の周期で（毎日同じ時刻に）日本の真上の空に現れるような軌道（準天頂軌道）に衛星を打ち上げて，高高度の衛星を確保しようという試みが始まっています．準天頂軌道は，公転周期は静止軌道と同じ24時間ですが，軌道離心率が大きく（円ではなく楕円を描く），衛星がゆっくり動く遠地点を日本の上空に持ってくるところが特色です．このような軌道に3個の衛星をうまく配置すれば，日本上空の天頂付近に常時1個の衛星が見えるようにできます．このような準天頂衛星が，2017年6月現在で既に4機打

表 8.1　運用中及び整備中の各国の全地球航法衛星測位システム（GNSS）と地域的な衛星航法システム

全地球航法衛星測位システム		
GPS	米国	24機以上
GLONASS	ロシア	24機または30機
GALILEO	欧州連合	24機
BeiDou	中国	30機（静止衛星5機）
地域的な衛星航法システム		
QZSS	日本	7機
IRNSS	インド	静止衛星7機

ち上げられており，将来残りの衛星を打ち上げてGPS衛星等と併せて利用するシステムを整備中です．

将来期待される測位技術

千点を超える電子基準点（連続GNSS観測点）から成るGEONETのおかげで，日本列島の動きは隙間なく日々監視できるようになりました．観測頻度が少ない三角点の測量や，数の少ない重厚長大型のVLBI局やSLR局が主役だった頃と状況は一変し，日本列島の変形を連続的かつ面的に見られるようになりました．測位解は通常日単位で求められますが，必要に応じて時間分解能を上げれば変位を計測する地震計のような使い方もできます．時空間的に高密度な観測は地殻変動に関して得られる情報の量を格段に増加させました．GPS以外の複数GNSSを併用すると短時間での測位精度が向上しますから，リアルタイム測位の地球物理学的な応用が進むでしょう．例えば図6.7で紹介したような大地震直後の地殻変動をすぐ自動で解析すれば，地震発生から短時間で断層の位置や大きさ，すべり量などがわかります．それを使って地震のマグニチュードや予測される津波規模を即時に求めるシステムの構築などが実利用を想定して進められています．

日本列島はプレート収束境界にできた島弧ですが，実際のプレート境界は海底にあり，そこで起こる地震の規模や場所を知るために，固着の強さの分布を知ることは重要です．海底の位置測定については，音波と

GNSSを併用した測定技術が急速に進歩してはいるものの，現時点では観測頻度と精度の両方で陸地に比べて一桁以上劣っています．また陸上GNSSのような即時性も難しいでしょう．精度の限界をもたらしている原因は，音波の伝搬経路における音速構造の不正確さにありますが，研究者の英知を集めたブレイクスルーを期待したい分野です．

合成開口レーダーとGNSS

ここまでに述べてきた宇宙測地技術は，地表の特定の点に展開した地上装置（電波望遠鏡やGNSS受信局など）の位置を測ることによって，地表の動きを測っていました．しかし，緯度・経度・高さなどの絶対値を決める必要はないが，それらがどれだけ変わったか（地殻変動）だけを知りたい場合は，合成開口レーダー（Synthetic Aperture Radar, SAR）を使う方法があります．地殻変動の計測には主に衛星に搭載されたSARを用いており，わが国では「だいち」として知られる陸域観測技術衛星（ALOS）の1号と2号に搭載されたPALSARと呼ばれる合成開口レーダーが良く使われています．

SARによる地殻変動の計測の原理をおおまかに説明します．衛星から発射した電波が地表の様々な点（ピクセル）で跳ね返ってきたものを同じ衛星で受信し，その振幅や位相を点ごとに記録します．衛星は極軌道をとっており，ある程度の時間が経つと同じ場所の上空に戻ってくるので，前回と同じ場所で再度計測を行います．SARの代表的な使い方である干渉SAR（InSAR）では，地表から帰ってきた電波の前回と今回の位相をピクセルごとに比べて，その差から2回の観測の間に生じた地殻変動（実際には地面の動きの衛星の方向成分）を求めるものです．

SARがGNSSと違う点はいろいろありますが，重要な点は地上装置が不要だということです．つまりその場にアンテナを立てて衛星からの電波を受信しなくても良いので，陸地でさえあれば世界中どこの地殻変動も測ることができます．もう一つの違いは，ある広さを持った領域（「シーン」と呼ばれる）の中の地殻変動を面的に測れるということです．これはGNSSアンテナを地平線のかなたまで，見渡す限りびっしり敷き詰めたようなものです．干渉SARによって地震時地殻変動が初めて二次元的に計測されたのは1992年にカリフォルニアで発生したLanders地震の時なので，GPSが本格的に地殻変動の研究に用いられ始めた頃とほぼ同時期といえます．一方SARの短所は時間分解能です．SARを搭載した衛星が同じ場所に戻ってくるまでに何週間かを要しますから，衛星数を増やしても短い時間スケールでの変動はSARで追うことができません．この点，その気になれば1秒より短い地面の動きも捉えることができるGNSSと大きく異なります．なお地殻変動の計測精度はSARとGNSSでそれほどの違いはありません．

現在ではSARとGNSSはお互いの長所を生かし合って（短所を補い合って）うまく棲み分けをしています．時間分解能にすぐれたGNSSと空間分解能にすぐれたSARを組み合わせると無敵といったところでしょうか．

重厚長大型宇宙測地技術の将来

このようにして，1990年代から地殻変動の計測の主役はGNSSとSARになりました．ではVLBIやSLRといった，大きくて高価な地上装置を用いた重厚長大型の宇宙測地技術は将来どうなるのでしょうか．まずVLBIは天体電波源の構造を調べるという，本来の電波天文学での用途があり，それは地殻変動とは関係なく続くでしょう．また，地球回転パラメータのうち，自転の速さ（1日の長さ）は人工衛星ではなく遠方にある天体を用いて初めて測れるため，今後ともVLBIは必要です．またSLRに関しては，固体地球に対する地球の重心の動きや，地球重力場の2次の項の決定という，他の技術では高精度で測れない量の観測に必要です．

他にもあります．観測局の座標を決定するというのはGNSSの得意な仕事です．このような測位についても，VLBIとSLRというGNSSと原理の異なる技術に基づく全球的な宇宙測地技術を維持することは，地球基準座標系の精度を正しく評価するために重要です．VLBIとSLRは，いずれも国際測地学協会の傘下にある国際VLBI事業（IVS,

International VLBI Service）や国際レーザ測距事業（ILRS, International Laser Ranging Service）という国際組織によって，観測局の技術標準が定められたり国際研究集会が定期的に行われたりしています．地殻変動を測る装置としては，VLBI/SLRはGNSSにかなりの部分その役目を譲ったものの，それらを使わないとうまく測れない量があり，またGNSSと原理の異なる測位技術である，という存在理由のもとに今後細く長く継続してゆくでしょう．

おわりに

本書では，宇宙技術の発達によって，人類が地球全体の表面のゆっくりした動きを直接測れるようになってきた過程，またそれらを測ることによってわかってきた「動く地球」について述べてきました．本書の内容は，学問分野では「測地学」に分類されます．測地学は，測位，重力，地球回転と，それらの共通基盤である基準座標系・観測技術・理論体系等から構成される古い学問です．例えば測位（位置の計測）は，土木工事に必要な測量から国家事業としての地図作製を包括する，実用的な技術の学問的基礎を与えます．しかし本来の測地学は時間変化を研究の対象とするものではなく，1度測れば終わりという地球科学としては退屈な分野でした．

地球科学に限らず，観測の高精度化によって，従来一定とされた量の時間変化が測れるようになり，それが新たな研究分野を生むことがあります．測位でも，宇宙技術の導入によって精度が上がり，基準点のわずかな動き（緯度・経度・高さの時間変化）が見えてきました．まずVLBI・SLRの重厚長大型の宇宙測地技術によってプレート運動が測れるようになり，やや遅れて稠密なGNSS地上観測網によってプレート境界の地殻変動の詳細がわかってきました．昨今の測地学の主流は時間変化の観測研究であり，かつての重要ではあるが退屈な学問から地球科学の最先端に様変わりしました．この転換の時代に立ち会った研究者として，この本の読者の皆さんに動く地球を測る面白さが伝われば著者としてうれしく思います．

本書の出版に当たり，東海大学出版部の原裕氏に編集と校正のため多大なご尽力を頂きました．また国立天文台，JAXAと東北大学から資料を提供していただきました．ここに厚くお礼申し上げます．

付録

Hz	ヘルツ	周波数を表す単位．1秒に1周期変化するとき1Hzという．
MHz	メガヘルツ	1 MHz ＝ 10^6 Hz
GHz	ギガヘルツ	1 GHz ＝ 10^9 Hz
ns	ナノ秒	1 ns ＝ 10^{-9} 秒＝ 10億分の1秒
ms	ミリ秒	1 ms ＝ 0.001 秒＝ 1000分の1秒
mas	ミリ秒角	1 mas = 0.001秒角 = 1000分の1秒角～5×10^{-9} rad.（ラジアン）

周波数，時間と角度の単位

参考文献

第3章

郵政省電波研究所季報　K-3型超長基線電波干渉計（VLBI）システム開発特集号，30, No.1, 1984.

Rogers A.E.E., Very Long Baseline Interferometry with large effective bandwidth for phase-delay measurements, *Radio Science*, **5**, 1239-1247, 1970.

第4章

Christodoulidis, D.C. et al., Observing tectonic plate motions and deformations from Satellite Laser Ranging, *J. Geophys. Res.*, **90**, 9249-9263, 1985.

Minster, J.B. and T.H. Jordan, Present-day plate motions, *J. Geophys. Res.*, **83**, 5331-5354, 1978.

Herring, T.A. et al., Geodesy by radio interferometry: Evidence for contemporary plate motion, *J.Geophys. Res.*, **91**, 8341-8347, 1986.

Heki K., Y.Takahashi, T.Kondo, N.Kawaguchi, F.Takahashi and N.Kawano, The relative movement of the Noth American and Pacific plates in 1984-1985, detected by the Pacific VLBI network, *Tectonophysics*, **144**, 151-158, 1987.

第5章

西修二郎，衛星測位入門　－GNSS測位のしくみ－，技報堂出版，pp. 115, 2016.

第6章

Heki, K., Miyazaki, S. and Tsuji H., Silent fault slip following an interplate thrust earthquake of the Japan Trench, *Nature*, **386**, 595-598, 1997.

Kido, M., Y.Osada, H.Fujimoto, R.Hino and Y.Ito, Trench-normal variation in observed seafloor displacements associated with the 2011 Tohoku-Oki earthquake, *Geophys. Res. Lett.*, **38**, L24303, doi: 10. 1029/2011GL050057, 2011.

Sato, M., T.Ishikawa, N.Ujihara, S.Yoshida, M.Fujita, M.Mochizuki and A. Aasada, Displacement above the hypocenter of the 2011 Tohoku-Oki earthquake, *Science*, **332**, 1395, 2011.

海上保安庁海洋調査課航法測地室，平成23年（2011年）東北地方太平洋沖地震に伴う地殻変動，海洋情報部研究報告，**49**, 2012.

索引

著者紹介

河野宣之（かわの　のぶゆき）

1945年大分県生まれ，1968年九州大学理学部物理学科卒，理学博士．郵政省電波研究所，九州東海大学教授，国立天文台教授をへて現在名誉教授．電子通信学会業績賞（1986）．専門は宇宙技術による測地学及び電波天文学．

日置幸介（へき　こうすけ）

1957年高知県四万十市生まれ，1984年東京大学大学院地球物理学専門課程修了，理学博士．郵政省電波研究所，ダラム大学，国立天文台をへて2004年より北海道大学教授．専門は測地学と地球惑星物理学．日本測地学会会長（2015-2019）．

動く地球の測りかた ―宇宙測地技術が明らかにした動的地球像―

2017年12月15日　第1版第1刷発行

著　者　河野宣之・日置幸介

発行者　橋本敏明

発行所　東海大学出版部
〒259-1292 神奈川県平塚市北金目4-1-1
TEL 0463-58-7811　FAX 0463-58-7833
URL http://www.press.tokai.ac.jp/
振替　00100-5-46614

印刷所　港北出版印刷株式会社

製本所　誠製本株式会社

ISBN978-4-486-02128-5